全国应用型高等院校土建类“十三五”规划教材

土木工程材料实验指导

彭艳周　编

中国水利水电出版社
www.waterpub.com.cn

内 容 提 要

本书将土木工程材料实验分为两个层次：一是基础性、验证性、演示性和少数的综合性实验。该层次的实验对应于课程实验教学大纲的范围，属于课程学习的基本要求，称之为基本层次的实验；二是综合性、设计性及创新性实验项目，其内容包含对课程中重点或难点的综合运用，还包括部分当前相关领域的研究热点或趋势等，涵盖了综合性、设计性及创新性实验项目，统称为创新性层次实验。本书全部按现行国家标准、部级及行业标准和最新规范编写，主要内容包括绪论、土木工程材料实验基本知识、基本层次的实验、创新性层次的实验。

本书可作为高等学校本科土木建筑类及其他相关专业土木工程材料实验的教学用书，也可供相关专业的大专及中等专业学校的教师和工程技术人员参考。

图书在版编目（CIP）数据

土木工程材料实验指导 / 彭艳周编. -- 北京 : 中国水利水电出版社, 2016.1
全国应用型高等院校土建类“十三五”规划教材
ISBN 978-7-5170-4017-0

Ⅰ. ①土… Ⅱ. ①彭… Ⅲ. ①土木工程－建筑材料－实验－高等学校－教学参考资料 Ⅳ. ①TU502

中国版本图书馆CIP数据核字(2015)第321549号

书　名	全国应用型高等院校土建类“十三五”规划教材 **土木工程材料实验指导**
作　者	彭艳周　编
出版发行	中国水利水电出版社 （北京市海淀区玉渊潭南路1号D座　100038） 网址：www.waterpub.com.cn E-mail：sales@waterpub.com.cn 电话：(010) 68367658（发行部）
经　售	北京科水图书销售中心（零售） 电话：(010) 88383994、63202643、68545874 全国各地新华书店和相关出版物销售网点
排　版	中国水利水电出版社微机排版中心
印　刷	北京嘉恒彩色印刷有限责任公司
规　格	184mm×260mm　16开本　6.75印张　144千字
版　次	2016年1月第1版　2016年1月第1次印刷
印　数	0001—3000册
定　价	**15.00**元

前 言

“土木工程材料”是土木工程类专业重要的专业基础课程，土木工程材料实验指导是该课程的重要组成部分，也是学习和研究土木工程材料的重要方法。土木工程材料实验不仅可以增加感性认识，加强学生对理论知识的理解与掌握，而且还能提高学生的实验技能，进行科学研究的基本训练，培养学生理论联系实际、分析和解决问题的能力。

土木工程材料实验内容主要包括材料的基本性质实验，钢材、水泥、砂石材料、混凝土、砂浆、沥青等材料的主要性质实验。本书实验是按课程教学大纲要求选材，根据现行国家（或行业）标准或其他规范、资料编写的，但并未包括土木工程材料试验的全部内容。书中将土木工程材料实验分为两个层次：一是基础性、验证性、演示性和少数的综合性实验。该层次的实验对应于课程实验教学大纲的范围，属于课程学习的基本要求，称之为基本层次的实验；二是综合性、设计性及创新性实验项目，其内容包含对课程中重点或难点的综合运用，还包括部分当前相关领域的研究热点或趋势等，涵盖了综合性、设计性及创新性实验项目，统称为创新性层次实验。针对这两个层次的实验编写了本书。

本书共分 4 章：第 1 章为绪论；第 2 章介绍了土木工程材料实验基本知识，包括实验数据处理分析的方法，土木工程材料的技术标准，土木工程材料实验基本技术和土木工程材料实验教学的基本要求。这些方法和技术是工程技术人员实验和科研工作中常用的基本方法，学生可以通过材料的实验初步掌握这些知识；第 3 章是基本层次的实验，介绍了土木工程材料的基本性质实验、水泥的主要技术性质实验、混凝土细集料的基本性能实验、普通混凝土的基本性能（包括和易性、表观密度、抗压强度与劈裂抗拉强度）实验，以及砌墙砖强度检测实验；第 4 章是创新性层次的实验，主要介绍了水泥水化热的测定、碱-骨料反应实验、混凝土外加剂性能实验、混凝土绝热温升实验、混凝土的弹性模量（包括静力受压弹性模量、动弹性模量与抗折弹性模量）测定、混凝土的抗水渗透性实验、混凝土的抗冻性实验以及抗硫酸盐侵蚀实验等。每个实验的最后给出了实验报告的样式以供参考。

在本书编写过程中，三峡大学土木与建筑学院朱乔森高级实验师提出了许多宝贵意见和建议。本书的出版还得到了中国水利水电出版社和三峡大学土木与建筑学院的大力支持和帮助。编者在此表示衷心感谢。

由于土木工程材料的品种繁多，科学技术水平和生产条件的不断发展和进步，新材料发展快。读者遇到本书以外的实验时，可查阅有关技术标准和试验方法，同时注意其修订动态。

限于作者水平，书中缺点和不妥之处在所难免，敬请广大师生、读者批评指正。

编者

2015 年 4 月

目 录

第1章

绪论

“土木工程材料”是土木工程类专业重要的基础课程，其任务是使学生获得有关土木工程材料性质与应用的基础知识和必要的基本理论，掌握主要土木工程材料的性能检测技能。“土木工程材料”实验教学一方面可以加深学生对课程知识的理解与掌握、提高学生的实验技能，另一方面，还能够培养学生理论联系实际、分析和解决问题的能力，增强学生的创新意识和创新能力，培养学生的研究兴趣，为从事科技工作奠定基础。因此，在学习“土木工程材料”课程的过程中，应充分认识土木工程材料实验的重要性，注重理论联系实际。

1.1 土木工程材料实验的重要性体现

土木工程材料实验的重要性主要体现在以下几个方面。

1.1.1 土木工程材料实验是土木工程材料理论教学的重要辅助环节

高校教学实验有基础实验、综合实验和创新实验3个层次。通过土木工程材料实验可以验证课堂所学理论知识，加深对基础知识的理解，熟悉常用土木工程材料实验所用的仪器设备，掌握各种实验技能，了解土木工程材料性质、质量的检验方法和有关的技术规范。通过实验还可以培养学生独立实践的能力，培养学生的团队合作意识和严谨求实的科学精神。

1.1.2 强化学生的基础理论知识

土木工程材料实验使学生对具体材料的性能有进一步的理解，能熟悉、验证、巩固与丰富所学的理论知识。土木工程材料实验内容包含多个项目，突出土木工程建设中基本建筑材料，如水泥、混凝土、钢筋、沥青等的性能测试。学生通过现场操作，可以增加对土木工程材料的感性认识，巩固课堂所学理论知识，为进一步学习房屋建筑学、钢筋混凝土结构、砌体结构、基础工程、施工技术与组织等专业课奠定扎实的理论基础。

1.1.3 强化学生的工程实践能力

通过土木工程材料实验可使学生熟悉一些土木工程材料实验的国家标准（规范）、实验设备与方法以及检测技术等内容，熟悉主要的土木工程材料的技术性能，掌握实验数据处理和结果评定方法，对具体材料的性能有进一步的了解。学生通过亲自动手操作，逐步掌握实验方法和提高实验技能，真正实现理论联系实际的教学目标，并培养学生的实践动手能力。例如，普通混凝土配合比设计、石油沥青各项指标的检测等综合实验技能都可以得到训练。反之，也可以分析和判断由于操作不当可能带来的后果，为今后施工指导、施工控制、加强监理以及进行工程质量事故分析奠定基础。在实验过程中，学生分析问题和解决问题的能力也得到培养和提高。

1.1.4 强化材料的质量评价体系

土木工程材料是构成土木工程建筑的物质基础，也是质量基础。在土木工程中，从材料的生产、选择、使用和检验评定，到材料的储存、保管，任何环节的失误都可能造成工程的质量缺陷，甚至导致重大质量事故。因此，合格的土木工程技术人员必须准确熟练地掌握有关土木工程材料的知识。本书所列各项实验内容包括了国家现行标准规定的相应质量评定体系中所包含的主要技术性质指标的测试，例如：水泥实验设计与其质量相关的水泥细度、标准稠度用水量、凝结时间、安定性、胶砂强度等指标的测试，各项指标既相对独立又相互联系。通过实验，学生对材料的质量评定会有较深刻、全面的了解，从而增强和培养学生今后在工作中科学选择、合理使用材料的意识与能力。

1.1.5 培养学生的工程质量观

通过学习土木工程材料实验课程，能让学生了解常用土木工程材料的质量及检验方法的现行技术及标准规范。例如，温度、湿度、时间以及规范的操作程序方法等。又如，制作C20混凝土的抗压强度试块，如果出现下列任何一种情况都可能引起混凝土强度降低：①选用的砂、石、水泥、水的质量不合格；②配合比不当；③搅拌不均匀；④振捣不足或振捣时间过长；⑤养护时温度、湿度均较低；⑥养护时间不足等。学生通过实验，对比分析结果，可以切身体会到科学严谨、规范的工作方法的重要性，明确在施工过程中任何环节的疏忽大意都可能给工程质量带来隐患，从而能够强化学生的质量意识和责任感。

1.2 土木工程材料实验教学的层次化

土木工程材料实验所涉及的项目较多，而且实验有其独有的特点。

(1) 实验周期长。如水泥胶砂试件、混凝土试块需要经过 3d 或 7d、28d 的养护后才能进行强度检测。

(2) 实验内容相对稳定。

(3) 实验偏重于验证性，设计性、综合性、创新性实验较少。这很可能会在一定程度上压抑学生的实验兴趣，同时也束缚其想象力和创新性，难以激发学生的创新潜能，从而导致工程材料实验难以取得较理想的教学效果。因此，进行土木工程材料的实验教学内容的革新，加强实验教学环节、提升教学质量，是当前培养“高素质、强能力、应用型”高级人才的必然要求。

三峡大学“土木工程材料”教学团队对国内相关高校建筑材料实验教学的情况进行调研，了解当前所开设实验内容，以及所对应的设备、实验方法及教学效果，取得相关资料。在此基础上，针对不同的专业方向，并结合各专业特色及培养方案，对现行实验教学内容进行优化，制定出体现各专业特色的实验教学内容，并将之进行层次化划分。

土木工程材料的实验教学内容被划分为两个层次：一是基础性、验证性、演示性和少数的综合性实验内容，该层次的实验项目对应于课程实验教学大纲的范围，属于课程学习基本要求的范畴，称之为基本层次的实验；二是综合性、设计性及创新性实验项目，其内容不仅包含本课程重点或难点及其综合运用，而且还可能是当前相关领域的研究热点或研究趋势等，涵盖了综合性、设计性及创新性实验项目，本书统称为创新性层次实验。针对土木工程材料实验教学中实际所开展的这两个层次的实验项目，专门编写了本实验指导书。

由以上实验层次的划分可知，第二层次的实验要求较高，适合于基础较好、学有余力，且又有继续深入学习愿望或研究兴趣的学生，即只有部分学生参与该层次的实验教学活动。该层次的实验项目根据专业差别而有所不同。例如，水利工程专业的实验项目可以偏重（但不局限于）水工混凝土的性能实验，如大体积混凝土温控、混凝土抗渗性及碱-骨料反应等实验，而土木工程专业则还可兼顾（但不局限于）新型墙体材料的开发与性能检测等实验。此外，实验项目还可以采用与土木工程材料相关的国家级、省级大学生课外科技活动或竞赛项目，如挑战杯、大学生科技创新等项目。

开展创新性实验教学，不仅能够加强学生对相关内容的理解和把握，而且还能使学生较好地把握相关领域的研究热点、研究趋势，掌握新的实验技术或新方法，更重要的是能够逐步培养学生分析问题、解决问题的能力和研究兴趣，有利于培养复合型人才。

第2章

土木工程材料实验基本知识

2.1 概　　述

土木工程材料及其实验检测在建筑施工生产、科研及发展中具有举足轻重的地位。土木工程材料基础知识的普及与实验检测技术的提高，不仅是评定和控制材料质量、施工质量的手段和依据，也是推动科技进步、合理使用土木工程材料和各种工业废料，降低生产成本，增进企业经济效益、环境效益和社会效益的有效途径。

土木工程材料质量的优劣，直接影响建筑物的质量和安全。因此，土木工程材料性能实验与质量检测是从源头抓好建筑工程质量管理工作、确保建筑工程质量和安全的重要保证。为了加强建筑工程质量，就应设立各级工程质量检测机构，尤其是土木工程材料的质量检测机构，培养从事土木工程材料性能和质量检验的专门人才。对高等院校而言，就是要加强学生实验技能的培训，使学生毕业后具备从事土木工程材料质量检测工作的能力，为推进建筑业的发展、提高工程建设质量发挥积极作用。

随着建筑业的发展和进步，新材料、新技术层出不穷，尤其是近年来我国技术标准与国际标准接轨，土木工程材料检测标准、技术规范和规程不断进行修订和更新，新方法、新设备的采用和检测标准的变更，更要求从事土木工程材料行业的工作人员不断学习，更新知识。因此，要在学好理论课的基础上，重视实验理论，理解实验原理，熟悉实验方法，掌握实验操作技能。

2.2 实验原始记录

在实验过程中，对于一定条件下取得的原始观测数据的记录，称为原始记录。它是评价实验检测工作水平高低和维护实验人员合法权益的重要法律依据之一。因此，实验的原始记录必须经得起工程实践的长期考验。

土木工程材料实验中原始记录通常包括以下内容：

（1）实验名称、编号。

（2）检测环境、地点及时间。

(3) 采用的实验方法(或实验规程)以及实验设备的名称与编号。

(4) 观测数值与观测导出数值。

(5) 实验、记录、计算、校核人员及技术负责人的签名等。

实验的原始记录必须以科学认真的态度实事求是地进行填写,不得修改和涂改。经过对实验数据校核发现的确需要进行更正的,应依据计量认证认可监督管理委员会对实验室计量认证认可的有关规定进行,并且能够溯源。

2.3 实验数据处理与分析

工程施工中,需要对大量的原材料和半成品进行实验,在取得了观测数据之后,为了达到所需的科学结论,应对观测数据进行分析和处理,通常用数学方法处理。

2.3.1 数值修约规则

在土木工程材料实验中,对各种实验数据应保留的有效位数均有所规定。为了科学地评价数据资料,应了解数据修约规则,以便确定测试数据的可靠性与精确性。数值修约时,除另有规定者外,应按照国家标准《数值修约规则与极限数值的表示和判定》(GB/T 8170—2008)进行,即:

(1) 拟舍弃数字的最左 1 位数字小于 5 时,则舍去,保留其余各位数字不变。

(2) 拟舍弃数字的最左 1 位数字大于 5 时,则进 1,即保留数字的末位数字加 1。

(3) 拟舍弃数字的最左 1 位数字是 5,且其后有非 0 数字时进 1,即保留数字的末位数字加 1。

(4) 拟舍弃数字的最左 1 位数字为 5,且其后无数字或皆为 0 时,若所保留的末位数字为奇数(1,3,5,7,9)则进 1,即保留数字的末位数字加 1;若所保留的末位数字为偶数(0,2,4,6,8)则舍去。

(5) 负数修约时,先将它的绝对值按上述(1)~(4)的规定进行修约,然后在所得值前面加上负号。

2.3.2 算术平均值、标准差、变异系数与通用计量名词

进行观测的目的,是要得到某一物理量的真值。但是,真值是无法测得的。因此,要设法找出一个可以用来代表真值的最佳值。

1. 算术平均值

将某一未知量 x 测定 n 次,其观测值分别为 x_1,x_2,x_3,…,x_n,将其平均得

$$\overline{x}=\frac{x_1+x_2+x_3+\cdots+x_n}{n}=\frac{1}{n}\sum_{i=1}^{n}x_i \tag{1.1}$$

算术平均值是一个经常用到的很重要的数值，观测次数越多，它越接近真值。算术平均值只能用来了解观测值的平均水平，而不能反映其波动情况。

2. 标准差

观测值与平均值之差的平方和的平均值称为均方差，简称方差，用符号 σ^2 表示。方差的平方根称为标准差，用 σ 表示：

$$\sigma = \sqrt{\frac{\sum_{i=1}^{n}(x_i - \overline{x})^2}{n}} \tag{1.2}$$

σ 是表示测量次数 $n \to \infty$ 时的标准差，而在实际中只能进行有限次的测量，其标准差可用 s 表示，即

$$s = \sqrt{\frac{\sum_{i=1}^{n}(x_i^2 - \overline{x}^2)}{n}} \tag{1.3}$$

标准差是衡量波动性的指标。

3. 变异系数

标准差只能反映数值绝对离散的大小，也可以用来说明绝对误差的大小，然而，在实际上，人们更关心数值相对误差的大小，即相对离散的程度，这在统计学上用变异系数 C_v 来表示，其计算式为

$$C_v = \frac{\sigma}{\overline{x}} \text{或} C_v = \frac{s}{\overline{x}} \tag{1.4}$$

同一批次的材料经过多次实验得出一系列数据后，就可通过计算其算术平均值、标准差与变异系数，用来评定其质量或性能的优劣。

4. 通用计量名词及其定义

(1) 测得值：从计量器具直接得出或经过必要计算而得出的量值。

(2) 测量结果：由测量所得的赋予被测量的值。

(3) 实际值：满足规定准确度的用来代替真值使用的量值。

(4) 测量误差：测量结果与被测量真值之间的偏差。

测量误差按其对测量结果影响的性质，可分为系统误差和偶然误差。

(5) 系统误差：在相同条件下，对某一量进行多次测量时，测量误差的绝对值和符号保持恒定（即恒偏大或恒偏小），这种测量误差称为系统误差。产生系统误差的原因如下：

1) 实验方法的理论依据有缺陷或不足，或实验条件控制不严格，或测量方法本身受到限制。如据理想气体状态方程测量某种物质蒸气的分子质量时，由于实际气体对理想气体的偏差，若不用外推法，测量结果总较实际的分子质量大。

2) 仪器不准或不灵敏，仪器装置精度有限，试剂纯度不符合要求等。

3) 个人习惯误差，如读滴定管读数时常偏高（或常偏低），计时常太早（或太迟）等。

系统误差决定了测量结果的准确度。通过校正仪器刻度、改进实验方法、提高药品纯度、修正计算公式等方法可减少或消除系统误差。但有时很难确定系统误差的存在，往往是用几种不同的实验方法或改变实验条件，或者不同的实验者进行测量，以确定系统误差的存在，并设法减少或消除之。

（6）偶然误差：在相同实验条件下，多次测量某一量时，每次测量的结果都会不同，它们围绕着某一数值无规则地变动，误差绝对值时大时小，符号时正时负。这种测量误差称为偶然误差。产生偶然误差的可能原因如下：

1）实验者对仪器最小分度值以下的估读每次很难相同。

2）测量仪器的某些活动部件所指测量结果，每次很难相同，尤其是质量较差的电学仪器最为明显。

3）影响测量结果的某些实验条件如温度值，不可能在每次实验中控制得绝对不变。

偶然误差在测量时不可能消除，也无法估计，但是它服从统计规律，即它的大小和符号一般服从正态分布。

（7）绝对误差：测量结果与被测量真值之差。

（8）相对误差：测量的绝对误差占被测量真值的比率。

（9）允许误差：技术标准、检定规程等对计量器具所规定的允许误差极限值。

2.4　土木工程材料的技术标准

技术标准主要是对产品与工程建设的质量、规格及其检验方法等所作的技术规定，是从事生产、建设、科学研究工作及商品流通的一种共同的技术依据。

2.4.1　技术标准的分类

技术标准通常分为基础标准、产品标准和方法标准。

（1）基础标准：指在一定范围内作为其他标准的基础，并普遍使用的具有广泛指导意义的标准。如《水泥的命名原则和术语》（GB/T 4131—2014）。

（2）产品标准：是衡量产品质量好坏的技术依据。如《通用硅酸盐水泥》（GB 175—2007）。

（3）方法标准：是指以实验、结果、分析、抽样、统计、计算、测定作业等各种方法为对象制定的标准。如《水泥胶砂强度检验方法（ISO 法）》（GB/T 17671—1999）。

2.4.2　技术标准的等级

根据发布单位与适用范围，我国的技术标准分为国家标准、行业标准（含协会标准)、地方标准和企业标准。

各级标准分别由相应的标准化管理部门批准并颁布，我国国家质量监督检验检疫总局是国家标准化管理的最高机关。国家标准和部门行业标准是全国通用标准，分为强制性标准和推荐性标准；省、自治区、直辖市有关部门制定的工业产品的安全、卫生要求等地方标准在本行政区域内是强制性标准；企业生产的产品没有国家标准、行业标准和地方标准的，企业应制定相应的企业标准，作为组织生产的依据。企业标准由企业组织制定，并报请有关主管部门审查备案。国家鼓励企业制定各项技术指标的要求均高于国家、行业、地方标准的企业标准在企业内使用。

2.4.3 技术标准的代号与编号

GB——中华人民共和国国家标准。

GBJ——国家工程建设标准。

GB/T——中华人民共和国推荐性国家标准。

ZB——中华人民共和国专业标准。

ZB/T——中华人民共和国推荐性专业标准。

JC——中华人民共和国建筑材料工业局行业标准。

JGJ——中华人民共和国住房和城乡建设部建筑工程行业标准。

JG/T——中华人民共和国住房和城乡建设部建筑工程行业推荐性标准。

YB——中华人民共和国冶金工业部行业标准。

SL——中华人民共和国水利部行业标准。

JTJ——中华人民共和国交通部行业标准。

CECS——工程建设标准化协会标准。

JJG——国家计量局计量检定规程。

DB——地方标准。

QB/＊＊＊——＊＊＊企业标准。

标准的表示方法，由标准名称、标准代号、编号和批准年份4部分组成。

2.5 土木工程材料实验基本技术

2.5.1 测试技术

1. 取样

在进行实验时，首先要选取试样。试样必须具有代表性。取样应遵循随机取样原则。

2. 仪器的选择

实验仪器设备的精度应与试验规程的要求一致，并且具有实际意义。

实验需要称量时，称量要有一定的精度，例如，试样称量精度要求为 0.1g 时，则应选择感量为 0.1g 的天平。对试验机的量程也有要求。根据试件破坏荷载的大小，合理选择相应量程的试验机。通常，应选择破坏荷载约占量程 20%～80%的试验机。

3. 实验

实验前，一般应将取得的试样进行处理、加工或成型，以制备满足实验要求的试件。实验应严格按照试验规程进行。

4. 结果计算与评定

对各次实验结果进行数据处理，一般取 n 次平行实验结果的算术平均值作为实验结果。实验结果应满足精确度和有效数字的要求。

实验结果经计算处理后应给予评定，判定其是否满足标准要求或者评定其等级。在某些情况下还应对实验结果进行分析，并得出结论。

2.5.2 实验条件

同一材料在不同的实验条件下检测，会得出不同的实验结果，因此，要严格控制实验条件，以保证测试结果的可比性。

1. 温度

实验室的温度对某些实验结果影响很大，这些实验时必须严格控制温度。例如，石油沥青的针入度、延度实验的测试结果受温度影响较大，因此，要在 25℃的恒温水浴中进行。

2. 湿度

实验时试件的湿度也明显影响实验数据。试件的湿度越大，测得的强度越低。因此，实验室的湿度应控制在规定的范围内。

3. 试件的尺寸与受荷面的平整度

对同一材料而言，小试件强度比大试件强度高。相同受压面积的试件，高度小的比高度大的试件强度高。因此，试件尺寸应符合相应的规定。

试件受荷面的平整度也影响测试强度。如果试件受荷面粗糙，会引起应力集中，降低试件强度，因此，试件表面应达到一定的平整度。

4. 加载速度

加载速度越快，试件的强度越高。因此，对材料的力学性能实验都有加载速度的规定。

2.5.3 实验报告的内容

实验的主要内容都应在实验报告中反映，报告的形式不尽相同，但都应包括以下内容：

（1）实验名称、内容。

（2）实验条件与日期。

（3）实验目的与原理。

（4）试样编号、测试数据与计算结果。

（5）结果评定与分析。

（6）实验、校核、技术负责人签字。

实验报告是经过数据整理、计算、编制的结果，既不是原始记录，也不是实际过程的罗列。实验报告中，经过整理计算后的数据，可用图、表等表示，做到一目了然。为了编写出符合要求的实验报告，在整个实验过程中必须认真做好有关现象、原始数据的记录，以便于分析、评定测试结果。

本书中，对每个实验均给出了实验报告的模板以供参考。

2.6　土木工程材料实验教学的基本要求

2.6.1　对实验指导教师的基本要求

土木工程材料实验的目的，一方面是为了验证、巩固在课堂上学到的理论知识，另一方面是让学生熟悉土木工程材料性能测试实验中用到的仪器设备的构造与使用方法，培养学生日后从事土木工程材料质量检测工作的基本操作技能，提高正确应用相关的国家标准、技术规范和试验规程的能力，以及培养学生发现问题、解决问题的能力。因此，有必要对实验指导教师提出下列要求：

（1）指导教师应认真执行教学大纲和实验指导书所规定的基本要求，并在此基础上逐步提高和创新。实验前应认真备课，做好课前检查和准备工作，检查实验设备运行是否良好，实验样品、原材料和辅助耗材是否到位，安全措施、实验环境是否正常等。

（2）首次指导实验的教师在实验前应认真预做该实验的全部内容，写出规范的实验报告和详细的讲稿和教案，并在事先由实验室主任组织进行试讲，试讲时应聘请有关人员参加。试讲应目的明确，表达清楚，实验原理、方法以及仪器设备构造和操作使用方法讲解准确无误。通过试讲后方可上岗指导学生实验。

（3）实验分小组进行。通常以一个班级为一个批次，4～6人为一小组，使所有学生都有动手操作的机会。教师要指定各小组的组长，并由其负责组织协调工作，办理有关仪器设备、材料、资料借领和归还手续。要求学生在实验过程中认真仔细地操作，培养独立工作能力和严肃认真的科学态度，同时要发扬互助协作精神。

（4）实验中，教师要加强学生实验技能的训练，并注重启发性的指导，重视学生分析问题和解决问题能力的培养，充分激发学生的创新意识，发挥学生的创新精神。

（5）学生做完实验后，指导教师要检查、验收每组实验数据和结果。检查实验仪器设备用后状态是否正常，并指导学生清理实验台（实验室）。

(6) 指导教师应要求学生在完成实验的规定时间内写出规范的实验报告，并全部认真批改，依据有关规定评定实验成绩。

(7) 实验指导教师要加强责任心，在学生首次做实验时，介绍有关实验室的规章制度和安全操作规程，避免仪器设备损坏和人身伤害事故的发生。实验教学过程中，指导教师是第一安全责任人，对学生、公共财产负总责。

2.6.2　土木工程材料实验学生守则

土木工程材料实验室是土木建筑类专业的重要实验室之一，是土建类专业的学生进行实验教学、专业技能训练，科学研究和技术开发的重要基地。为保证实验教学和实验室各项工作的顺利开展，实验教师和实验室管理者应制定切实可行的《学生实验守则》，并严格执行。

《学生实验守则》具体规定应包括以下几个方面：

(1) 实验室是进行科学实验的重要场所，进入实验室必须遵守各项规章制度，保持室内整洁、肃静和优良的实验环境。

(2) 实验应在指定的实验间进行，不得进入与实验无关的房间。未经允许，不得随意触碰、开启或关闭仪器设备（尤其是电器开关），以免发生人身伤害和仪器设备损坏等事故。

(3) 实验前必须预习实验指导书以及与实验相关的国家标准、试验规程，了解有关仪器设备的性能及使用方法，做到原理清楚、方法正确、操作规范。

(4) 爱护仪器设备，遵守操作规程，注意人身及设备的安全。操作过程中发生故障要及时报告指导教师。因违反操作规程而造成的后果由违规操作者负责。

(5) 要以严肃的态度、严谨的作风、严密的方法进行实验。各实验小组不得随意交换所用的仪器设备、用具及实验台等。实验结束后，应将所有的仪器设备整理清点，待指导教师验收签字后方可离开实验室。若有损坏仪器设备的，将依据有关规定进行处理。

(6) 实验期间严禁吸烟、嬉戏打闹和使用通信工具，否则指导教师和实验管理人员有权停止其实验，情节严重的，按有关纪律规定处理。

(7) 在完成教学大纲规定的实验教学后，实验室继续向广大学生开放。鼓励学生在土木工程材料实验室积极参与创新性实验项目，进一步培养实验研究技能，为今后进行科技创新打下基础。

第3章

基本层次的实验

前面已提及，土木工程材料实验所涉及的项目较多。针对不同的专业方向（土木工程、水利水电工程、工程管理及建筑学），并结合各自特色与培养方案，本书对土木工程材料的实验教学内容划分为两个层次：一是基本层次的实验；二是创新性层次的实验。

本章中主要介绍了基本层次的实验，包括土木工程材料的基本性质、水泥的基本技术性质、混凝土细集料、普通混凝土的基本性能、砌墙砖强度等主要实验。

3.1 土木工程材料的基本性质实验

土木工程材料基本性能的实验项目较多，对于各种不同材料，测试的项目往往依据其用途与具体要求而定。通常进行的项目包括：砂的表观密度、堆积密度与空隙率，以及规则形状试件表观密度的测定等实验，下面分别进行介绍。

3.1.1 砂的表观密度实验

1. 实验目的

测定砂的表观密度，作为评定砂的材质和混凝土用砂的技术依据。

2. 主要仪器设备

（1）天平：量程1kg，精度0.2g。

（2）容量瓶：500mL。

（3）烘箱：能使温度控制在（105±5)℃。

（4）烧杯：500mL。

（5）干燥器、浅盘、温度计、料勺等。

3. 试样制备

将试样缩分至约650g后，置于烘箱中烘至恒重，并在干燥器内冷却至室温备用。

4. 测定步骤

（1）称取烘干实验试样约300g（m_0），装入盛有半瓶水的容量瓶中，摇动容量瓶使试样充分搅动，以排除气泡。

（2）塞紧容量瓶瓶塞，静置约24h后再打开瓶塞，用胶头滴管向容量瓶中添加水，使水面与容量瓶瓶颈处刻度线平齐，再塞紧瓶塞，并擦干瓶外水分，称其质量（m_1）。

（3）倒出瓶中的水和试样，将瓶内外清洗干净，再注入与上述水温相差不超过2℃的水至瓶颈刻度线处，塞紧瓶塞，并擦干瓶外水分，称其质量（m_2）。

注：实验在15～25℃的环境中进行，实验过程中温度波动应不超过2℃。

5. 测定结果

砂的表观密度ρ_0按式（3.1）计算（精确至0.01g/cm³），即

$$\rho_0=\left(\frac{m_0}{m_0+m_2-m_1}-a_t\right)\rho_w \tag{3.1}$$

式中　m_0——烘干试样质量，g；

m_1——试样、水及容量瓶总质量，g；

m_2——水及容量瓶质量，g；

a_t——水温对砂的表观密度影响的修正系数，见表3.1；

ρ_w——水的密度，即$\rho_w=1.00\text{g/cm}^3$。

表3.1　水温对砂的表观密度影响的修正系数

水温/℃	15	16	17	18	19	20	21	22	23	24	25
a_t	0.002	0.003	0.003	0.004	0.004	0.005	0.005	0.006	0.006	0.007	0.008

以两次实验测定结果的算术平均值作为砂的表观密度值。若两次实验所得结果之差大于0.02g/cm³，则应重新取样并按以上步骤重做实验。

3.1.2　砂的堆积密度实验

1. 实验目的

测定砂的堆积密度，作为混凝土用砂的技术依据。

2. 主要仪器设备

（1）案秤：量程5kg，感量5g。

（2）容量筒：金属制圆柱形筒，容积约1L，筒底厚5mm，内径108mm，净高109mm，厚度2mm。

容量筒应先校正其容积。方法如下：以温度为（20±5）℃的饮用水装满容量筒，用玻璃板沿筒口缓慢滑行，使其紧贴水面，不能夹有气泡。玻璃板完全覆盖住容量筒口后，用布擦干筒外壁的水分，称其质量（m_1'）。用式（3.2）计算筒的容积V_0(L)，即

$$V_0=(m_2'-m_1')/\rho_w \tag{3.2}$$

式中　m_1'——容量筒和玻璃板质量，kg；

m_2'——容量筒、玻璃及筒内所盛水的质量，kg；

ρ_w——水的密度，$\rho_w=1.0$kg/L。

(3) 烘箱：箱内温度可以控制在 (105±5)℃范围内。

(4) 料勺或标准漏斗、直尺、浅盘等。

3. 试样制备

用浅盘装试样约3L置于烘箱中烘干至恒重，取出后冷却至室温，再用筛孔公称直径为5mm的方孔筛过筛，分成大致相等的两份样备用（若出现结块，实验前应先捏碎）。

4. 测定步骤

(1) 称容量筒质量 (m_1)：将筒置于不受振动的桌上浅盘中，用料勺将试样徐徐装入容量筒内，料勺距容量筒口不超过50mm，装至筒口上面成锥形为止；或通过标准漏斗按上述步骤进行。

(2) 用直尺将多余的试样，沿筒口中心线向两个相反方向刮平，称量装满砂的容量筒的总质量 (m_2)。

5. 测定结果

砂的堆积密度 ρ_1 按式 (3.3) 计算（结果精确至10kg/m³），即

$$\rho_1=\frac{m_2-m_1}{V_0}\times 1000 \tag{3.3}$$

式中 m_1——容量筒的质量，kg；

m_2——容量筒、砂的总质量，kg；

V_0——容量筒的容积，L。

以两次实验测定结果的算术平均值作为砂的堆积密度的测定值。

3.1.3 砂的空隙率

砂等散粒状材料的空隙率按式 (3.4) 计算，结果精确至1%：

$$P=\left(1-\frac{\rho_1}{\rho_0}\right)\times 100\% \tag{3.4}$$

式中 ρ_1——试样的堆积密度，kg/m³；

ρ_0——干砂的表观密度，kg/m³。

3.1.4 有规则形状试件的表观密度测定

1. 主要仪器

天平（量程100g、精度0.1g）、游标卡尺（精度0.1mm）、烘箱等。

2. 测定步骤

(1) 将有规则形状的试件（比如水泥砂浆块）放入烘箱内，以不超过110℃的温度烘干至恒重。用游标卡尺量其尺寸 (cm)，计算其体积 V_0(cm³)，再用天平称其质量 m(g)。按式 (3.5) 计算其表观密度：

$$\rho_0=\frac{m}{V_0}(\text{g/cm}^3) \tag{3.5}$$

(2) 计算试件的体积 V_0 时，如试件为立方体或平行六面体，则每边应测量 3 次，求其平均值后再计算其体积

$$V_0=\frac{a_1+a_2+a_3}{3}\frac{b_1+b_2+b_3}{3}\frac{c_1+c_2+c_3}{3}(\text{cm}^3) \tag{3.6}$$

式中　a_i、b_i、$c_i(i=1, 2, 3)$——试件的长、宽、高，cm。

(3) 计算试件的体积 V_0 时，如试件为圆柱体，则在圆柱体上、下两个平行切面及试件腰部按两个互相垂直的方面量取其直径，以这 6 个测量结果的平均值作为试件的直径 d，再在互相垂直的两直径与圆周相交的四点处测量试件的高度，以这 4 个高度的平均值作为试件的高度 h，最后按式 (3.7) 计算其体积：

$$V_0=\frac{\pi d^2}{4}h(\text{cm}^3) \tag{3.7}$$

3.1.5　干湿温度计的使用说明

干湿温度计适宜挂在空气流通的地方，经常保持纱带及水壶的清洁。使用时在干湿温度计下部的水壶内注入清水，并将纱带浸入水壶中。

3.1.6　成果分析

实验结果与实际值是否相符，其误差主要从仪器精度的系统误差及实验操作的偶然误差进行分析。具体来说，应从称量、操作、数据处理分析等方面来进行。其结果分析可参考表 3.2。

表 3.2　常用土木工程材料的密度、表观密度和堆积密度

材　料	密度/(g/cm³)	表观密度/(kg/m³)	堆积密度/(kg/m³)
石灰岩	2.60	1800～2600	—
花岗岩	2.80	2500～2900	—
石灰岩（碎石）	2.60	—	1400～1700
砂	2.60	—	1450～1650
黏土	2.60	—	1600～1800
普通黏土砖	2.50	1600～1800	—
黏土空心砖	2.50	1000～1400	—
水泥	3.10	—	1200～1300
普通混凝土	—	2100～2600	—
轻骨料混凝土	—	800～1900	—
木材	1.55	400～800	—
钢材	7.85	7850	—
泡沫塑料	—	20～50	—

一般情况下，材料的堆积密度、表观密度和密度间的关系是：堆积密度＜表观密度（视密度）≤密度。

3.1.7 实验报告参考格式

实验一 土木工程材料的基本性质实验

日期：_____年_____月_____日　　实验室温度：________湿度：________

实验人：____________　成绩：____________　指导老师：____________

（一）实验目的

（二）主要仪器设备

（三）原始数据记录及处理

1. 砂的表观密度实验

试验次数	1	2	备注
烘干砂试样质量 m_0/g			$\rho_0=\left(\frac{m_0}{m_0+m_2-m_1}-a_t\right)\rho_w$ 其中： a_t—水温对砂的表观密度影响的修正系数，见表3.1； ρ_w—水的密度，即 ρ_w = 1.00g/cm^3
容量瓶装水至瓶颈刻度线时的质量 m_2/g			
装砂后容量瓶装水至刻度线时总质量 m_1/g			
试样在水中所占体积 V：$V=\frac{m_0+m_2-m_1}{\rho_w}$/cm^3			
表观密度 ρ_0/(g/cm^3)			
表观密度平均值/(g/cm^3)			

2. 砂的堆积密度实验

试验次数	1	2	备注
容量筒的质量 m_1/kg			$\rho_1=\frac{m_2-m_1}{V}$ (kg/L)
（容量筒＋试样）的总质量 m_2/kg			
试样质量 m_2-m_1/kg			
容量筒的容积 V/L			
试样的堆积密度 ρ_1/(kg/L)			
堆积密度平均值 $\bar{\rho}_1$/(kg/L)			

3. 砂子空隙率的计算

砂子的空隙率 $P=\left(1-\frac{\rho_1}{\rho_0}\right)\times 100\%=$________。

4. 水泥砂浆块的表观密度实验

试件名称：＿＿＿＿＿＿＿＿　　含水状态：＿＿＿＿＿＿＿＿

试验温度									
试件编号									
测量次数		1	2	3	平均值	1	2	3	平均值
试件尺寸	长 a/cm								
	宽 b/cm								
	高 c/cm								
试件体积 $V_0=a\times b\times c$/cm^3									
试件质量 m/g									
表观密度 $\rho_0=\frac{m}{V_0}$/(g/cm^3)									
平均表观密度/(g/cm^3)									

3.2 水泥的主要技术性质实验

3.2.1 实验目的及依据

测定水泥的细度、标准稠度用水量、凝结时间、安定性及胶砂强度等主要技术性质，作为评定水泥质量的主要依据。

本实验根据《水泥细度检验方法 筛析法》(GB/T 1345—2005)、《水泥标准稠度用水量、凝结时间、安定性检验方法》(GB/T 1346—2011) 和《水泥胶砂强度检验方法 (ISO法)》(GB/T 17671—1999) 进行。

3.2.2 水泥实验的一般规定

(1) 同一实验所用水泥应在同一水泥厂生产的同品种、同强度等级、同编号的水泥中取样。

(2) 当实验所用水泥从取样到实验的保存时间在24h以上时，应将水泥贮存气密性良好的容器内，而且水泥应基本装满整个容器。贮存水泥所用的容器应不与水泥发生反应。

(3) 水泥样在实验前应使用筛孔为0.9mm方孔筛进行筛分，以剔除粒径0.9mm以上的颗粒。

(4) 实验时温度应保持在 (20±2)℃，相对湿度不低于50%。养护箱温度为(20±1)℃，相对湿度不低于90%。试体养护池水温度应控制在 (20±1)℃范围内。

(5) 实验用水必须是洁净的淡水。

(6) 水泥试样、标准砂、拌和用水及试模等的温度应与实验室温度相同。

3.2.3 水泥细度的检验（筛析法）

1. 实验目的及实验方法

通过实验检测水泥的粗细程度，作为评定水泥质量的依据之一。掌握《水泥细度检验方法 筛析法》（GB/T 1345—2005）的测试方法，正确使用所用仪器与设备。

水泥的细度用筛网上所得筛余物的质量占试样原始质量的百分数来表示。检验方法有负压筛法、水筛法和手工筛析法3种：负压筛法是用负压筛析仪，通过负压源产生的恒定气流，在规定筛析时间内使实验筛内的水泥达到筛分；水筛法是将实验筛放在水筛座上，用规定压力的水流，在规定时间内使筛内的水泥达到筛分；手工筛析法是将实验筛放在接料盘（底盘）上，用手工按照规定的拍打速度和转动角度，对水泥进行筛析实验。

在检验中，如果负压筛法与其他方法的测定结果有争议时，以负压筛法为准。本书介绍负压筛法和水筛法。

2. 主要仪器设备

（1）试验筛。试验筛由圆形筛框和筛网组成，筛网符合《试验筛金属丝编织网、穿孔板和电成型薄板筛孔的基本尺寸》（GB/T 6005—2008）中R20/3系统的80μm和45μm的要求，分为负压筛、水筛和手工干筛3种。筛网应紧绷在筛框上，筛网和筛框接触处应用防水胶密封，以防止水泥嵌入。

1）负压筛。负压筛由圆形筛框和筛网组成，筛框的有效直径为142mm，高度为25mm，方孔的边长为0.08mm。

2）水筛。由筛座（水筛架）、喷头、筛子组成。

3）手工筛。手工筛结构符合GB/T 6003.1，其中筛框高度为50mm，筛子的直径为150mm。

（2）负压筛析仪。负压筛析仪由负压筛、筛座、负压源及收尘器组成，其中筛座由转速为（30±2）r/min的喷气嘴、负压表、控制板、微型电动机及壳体构成。筛析仪负压可调范围为4000～6000Pa。

（3）水筛架和喷头。水筛架和喷头的结构尺寸应符合《水泥标准筛和筛析仪》（JC/T 728—2005）的规定，但其中水筛架上筛座内径为140^{+0}_{-3}mm。

（4）天平。天平的最小分度值不大于0.01g。

3. 实验步骤

（1）负压筛析法。

1）筛析实验前，应把负压筛放在筛座上，盖上筛盖，接通电源，检查控制系统，调节负压至4000～6000Pa范围内。

2）80μm筛析实验时称取试样25g（45μm筛析实验时称取试样10g），置于洁净的负压筛中。盖上筛盖，放在筛座上，开动筛析仪连续筛析2min，在此期间如有试样附着筛盖上，可轻轻地敲击，使试样落下。筛毕，用天平称量筛余物。

3）当工作负压小于4000Pa时，应清理吸尘器内水泥，使负压恢复正常。

（2）水筛法。

1）筛析实验前，应检查并确认水中没有泥、砂等杂物，调整好水压及水筛架的位置，使其能正常运转。喷头底面和筛网之间的距离为35～75mm。

2）称取试样50g，置于洁净的水筛中，立即用洁净的水冲洗至大部分细粉通过后，放在水筛架上，用水压为（0.05±0.02）MPa的喷头连续冲洗3min。

3）筛毕，用少量水把筛余物冲至蒸发皿中，等水泥颗粒全部沉淀后小心将水倾出，烘干并用天平称量筛余物。

4. 实验结果计算

水泥细度按试样筛余百分数计算，精确至0.1%。

$$F=\frac{R_t}{W}\times 100\% \tag{3.8}$$

式中 F——水泥试样的筛余百分数，%；

R_t——水泥筛余物的质量，g；

W——水泥试样的质量，g。

3.2.4 水泥标准稠度用水量的测定

1. 实验目的

通过实验测定水泥净浆达到水泥标准稠度（统一规定的浆体可塑性）时的用水量，作为水泥凝结时间、安定性实验用水量；掌握水泥标准稠度用水量的测试方法，正确使用仪器设备，并熟悉其性能。

2. 主要仪器设备

（1）水泥净浆搅拌机。

（2）标准法维卡仪。

（3）天平。

（4）量筒。

3. 实验方法及步骤

（1）标准法。

1）实验前的准备工作。维卡仪的滑动杆能自由滑动。试模和玻璃板用湿布擦拭，将试模放在底板上。搅拌机运行正常。

2）调零点。将标准稠度试杆装在金属棒下，调整至试杆接触玻璃板时指针正好对准标尺上的零点。

3）水泥净浆的拌制。用水泥净浆搅拌机来拌制。先用湿布将搅拌锅和搅拌叶片擦拭1遍，将拌和水倒入搅拌锅内，然后在5～10s内小心将称好的500g水泥加入水中，防止水和水泥溅出；拌和时，先将锅放到搅拌机的锅座上，升至搅拌位置，启动搅拌机，低速搅拌120s，停拌15s，同时将叶片和锅壁上的水泥浆刮入锅中间，接着高速搅拌120s后停机。

4）标准稠度用水量的测定。拌和结束后，立即取适量水泥净浆一次性将其装入已置于玻璃底板上的试模中，浆体超过试模上端，用宽约25mm的直边刀轻轻拍打超出试模部分的浆体5次以排除浆体中的气孔，然后在试模上表面约1/3处，略倾斜试模分别向外轻轻锯掉多余净浆，再从试模边沿轻抹顶部一次，使净浆表面光滑。在锯掉多余净浆和抹平的操作过程中，注意不要压实净浆；抹平后迅速将试模和底板移至维卡仪上，并将其中心定在试杆下，降低试杆直至试杆下端与水泥净浆表面接触，拧紧螺丝1～2s，突然放松，使试杆垂直自由地沉入水泥净浆中。在试杆停止沉入或释放试杆30s时记录试杆距底板之间的距离，升起试杆后，立即擦净。整个操作应在搅拌后1.5min内完成。

以试杆沉入净浆并距底板（6±1)mm的水泥净浆为标准稠度净浆。其拌和水量为该水泥的标准稠度用水量P，按水泥质量的百分比计。

（2）代用法。

1）试验前的准备工作。维卡仪的金属杆能自由滑动。调整至试锥接触锥模顶面时，指针对准零点。搅拌机运行正常。

2）水泥净浆的拌制。水泥净浆的拌制同标准法。

3）标准稠度的测定。可用调整水量和不变水量两种方法的任一种测定。采用调整水量方法时拌和水量按经验找水，采用不变水量方法时拌和水量用142.5mL。

水泥净浆拌和结束后，立即将拌制好的水泥净浆装入锥模中，用宽约25mm的直边刀在浆体表面轻轻插捣5次，再轻振5次，刮去多余的净浆；抹平后迅速放到试锥下面固定的位置上，将试锥降至净浆表面，拧紧螺丝1～2s后，突然放松，让试锥垂直自由地沉入水泥净浆中。到试锥停止下沉或释放试锥30s时记录试锥下沉深度S。整个操作应在搅拌后1.5min内完成。

4. 实验结果计算

（1）标准法。以试杆沉入净浆并距底板（6±1)mm的水泥净浆为标准稠度净浆。其拌和用水量为该水泥的标准稠度用水量P，以水泥质量的百分比计，按式（3.9）计算：

$$P=\frac{\text{拌和用水量}}{\text{水泥质量}}\times 100\% \tag{3.9}$$

（2）代用法。

1）调整水量法。当采用调整水量方法测定时，以试锥下沉深度（30±1)mm时的净浆为标准稠度净浆。其拌和水量即为该水泥的标准稠度用水量P，以水泥质量的百分比计，按式（3.9）计算。

如果下沉深度超出（30±1)mm，则需另称水泥试样，调整水量，并重新试验，直至达到（30±1)mm为止。

2）不变水量法。用不变水量方法测定时，根据测得的试锥下沉深度S(mm)，可从仪器上对应标尺读出标准稠度用水量 P，或者按下述经验公式（3.10）计算其标准稠度用水量 P(%)：

$$P=33.4-0.185S \tag{3.10}$$

当试锥下沉深度小于 13mm 时，应改用调整水量方法测定。

3.2.5 水泥凝结时间的测定

1. 实验目的

正确使用仪器设备，掌握水泥凝结时间的测定方法。测定水泥的初凝和终凝时间，以评定水泥的质量。

2. 主要仪器设备

（1）水泥净浆搅拌机。

（2）标准法维卡仪。

（3）湿气养护箱。

3. 实验步骤

（1）实验前准备。将试模内侧涂上一层机油，放在玻璃板上。调整凝结时间测定仪的试针，使其在接触玻璃板时指针对准标尺零点。

（2）以标准稠度用水量的水按水泥标准稠度用水量测定实验所述水泥净浆的拌制方法制成标准稠度水泥净浆，立即将适量的净浆一次装入试模，振动数次刮平，然后将试模放入湿气养护箱中。记录水泥全部加入水中的时间作为凝结时间的起始时间。

（3）初凝时间的测定。试件在湿气养护箱内养护至加水后 30min 时进行第一次测定。测定时，从湿气养护箱中取出圆模放到试针下，降低试针与水泥净浆表面接触。拧紧螺丝 1～2s 后，突然放松，试针垂直自由沉入水泥净浆。观察试针停止下沉或释放试针 30s 时指针的读数。临近初凝时间时，每隔 5min（或更短时间）测定一次。当试针沉至距底板（4±1)mm 时，即为水泥达到初凝状态。由水泥全部加入水中至初凝状态的时间即为水泥的初凝时间，单位为 min。

（4）终凝时间的测定。初凝测出后，立即将试模连同浆体以平移的方式从玻璃板上取下，翻转 180°，直径大端向上、小端向下放在玻璃板上，再放入湿气养护箱中继续养护。

取下测初凝时间的试针，换上测终凝时间的试针。临近终凝时间时每隔 15min（或更短时间）测定一次，当试针沉入试体 0.5mm 时，即环形附件开始不能在试体表面留下痕迹时，为水泥达到终凝状态。由水泥全部加入水中至终凝状态的时间为水泥的终凝时间，单位为 min。

（5）凝结时间测定时注意事项。

1）测定时应注意，在最初测定的操作时应轻轻扶持金属棒，使其徐徐下降，以防止试针撞弯，但结果以自由下落为准。

2）在整个测试过程中，试针沉入净浆的位置至少距试模内壁 10mm。

3）临近初凝时每隔5min（或更短时间）测定一次，临近终凝时每隔15min（或更短时间）测定一次。

4）每次测定不能让试针落入原针孔，每次测定完毕须将试针擦净并将试模放加湿气养护箱内，整个测试过程要防止试模受振。

4. 实验结果的确定与评定

（1）自加水起至试针沉入净浆中距底板（4±1)mm时，所需的时间为初凝时间；至试针沉入净浆中不超过0.5mm（环形附件开始不能在净浆表面留下痕迹）时所需的时间为终凝时间；单位为min。

（2）到达初凝状态时应立即重复测一次，当两次结论相同时才能定为达到初凝状态；到达终凝时，需要在试体另外两个不同点测试，确认结论相同才能确定到达终凝状态。

（3）评定方法。将测定的初凝时间、终凝时间结果与标准规定的凝结时间相比较，判断其合格与否。

3.2.6 水泥体积安定性的测定实验

1. 实验目的

水泥的体积安定性是指水泥凝结硬化过程中体积变化的均匀性。通过实验应掌握GB/T 1346—2011中规定的水泥安定性测试方法，并能正确评定水泥的体积安定性。

安定性的测定方法有雷氏法和试饼法，有争议时以雷氏法为准。

2. 主要仪器设备

（1）沸煮箱。应符合JC/T 955的要求。

（2）雷氏夹。由铜质材料制成，其结构如图3.1所示。当一根指针的根部先悬挂在一根金属丝或尼龙丝上，另一根指针的根部再挂上300g质量的砝码时，两根指针针尖的距离增加值应在（17.5±2.5)mm范围内，即$2x=(17.5\pm2.5)$mm（图3.2），当去掉砝码后针尖的距离能恢复至挂砝码前的状态。

（3）雷氏夹膨胀值测定仪。如图3.3所示，最小刻度0.5mm。

（4）其他同标准稠度用水量实验。

3. 实验方法及步骤

（1）测定前的准备工作。若采用雷氏夹法（标准法）测试时，每个水泥试样需成型两个试件，每个雷氏夹需配备两个边长或直径约80mm、厚度4～5mm的玻璃板；若采用试饼法时，每个试样需准备两块边长约100mm的玻璃板。

凡与水泥净浆接触的玻璃板和雷氏夹表面都要稍稍涂上一薄层油（有些油会影响凝结时间，矿物油比较合适）。

（2）水泥标准稠度净浆的制备。以标准稠度用水量加水，按前述方法制成标准稠度的水泥净浆。

（3）试件的制备。

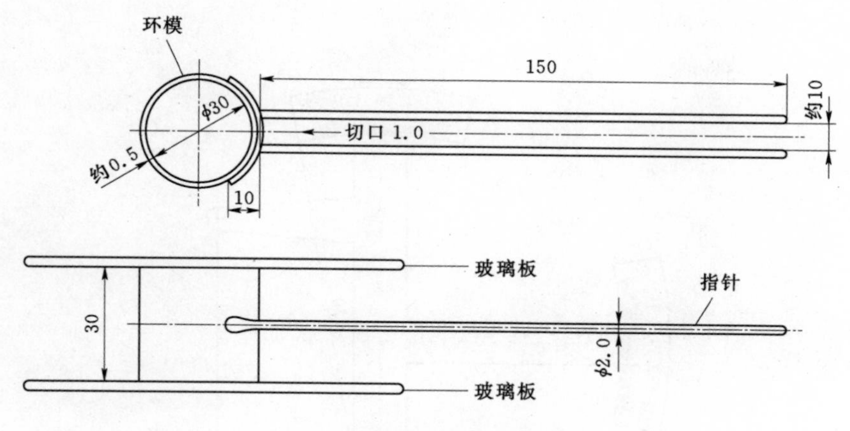

图 3.1　雷氏夹（单位：mm）

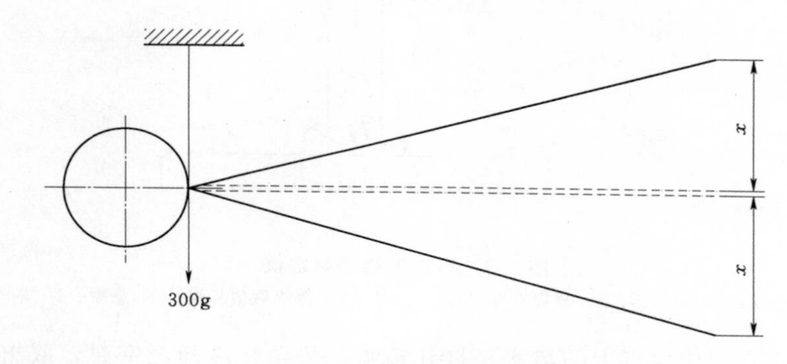

图 3.2　雷氏夹受力示意图

1）雷氏夹试件的成型。将预先准备好的雷氏夹放在已稍擦油的玻璃板上，并立即将已制好的标准稠度净浆一次装满雷氏夹，装浆时 1 只手轻轻扶持雷氏夹，另 1 只手用宽约 25mm 的直边小刀在浆体表面轻轻插捣 3 次，然后抹平，盖上稍涂油的玻璃板，接着立即将试件移至湿气养护箱内养护（24±2)h。

2）试饼成型。将制好的标准稠度净浆取出一部分分成两等份，使之成球形，放在预先准备好的玻璃板上，轻轻振动玻璃板并用湿布擦过的小刀由边缘向中央抹，做成直径 70～80mm、中心厚约 10mm、边缘渐薄、表面光滑的试饼，接着将试饼放入湿气养护箱内养护（24±2)h。

（4）沸煮。调整沸煮箱内的水位，使能保证在整个沸煮过程中都超过试件，不需中途添补实验用水，同时又保证能在（30±5)min 内升至沸腾。

1）雷氏夹法。用雷氏夹法测试时，脱去玻璃板取下试件，先测量雷氏夹指针尖端间的距离 A，精确到 0.5mm，接着将试件放入沸煮箱水中的试件架上，指针朝上，试件之间互不交叉，然后在（30±5)min 内加热至沸腾，并恒沸（180±5)min。

2）试饼法。用试饼法测试时，脱去玻璃板取下试饼，在试饼无缺陷的情况下将试饼放在沸煮箱水中的篦板上，在（30±5)min 内加热至沸腾并恒沸（180±5)min。

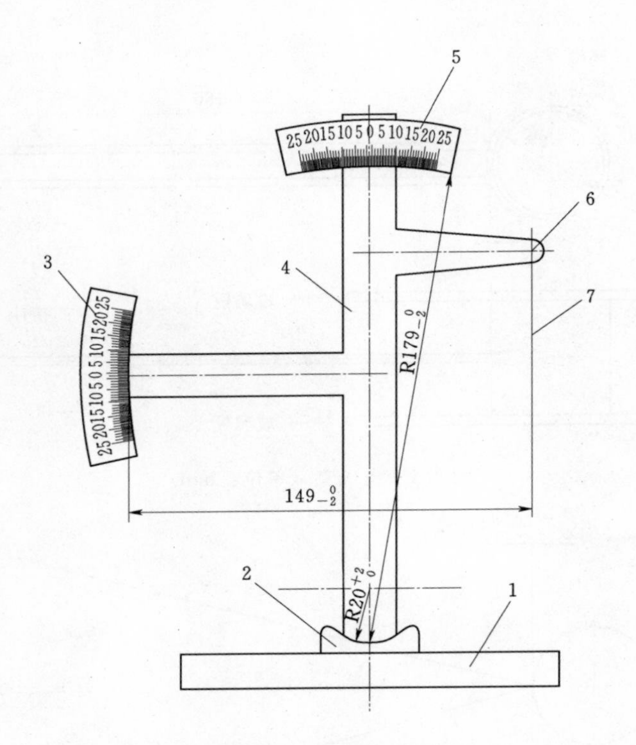

图 3.3 雷氏夹膨胀测定仪

1—底座；2—模子座；3—测弹性标尺；4—立柱；5—测膨胀值标尺；6—悬臂；7—悬丝

沸煮结束，即放掉箱中的热水，打开箱盖，待箱体冷却至室温，取出试件进行判别。

(5) 实验结果的判别。

1) 雷氏夹法。测量试件指针尖端间的距离 C，准确至 0.5mm，当两个试件煮后增加距离 ($C-A$) 的平均值不大于 5.0mm 时，即认为该水泥安定性合格；当两个试件煮后增加距离 ($C-A$) 的平均值大于 5.0mm 时，应用同 1 样品立即重做 1 次试验。以复检结果为准。

2) 试饼法。目测试饼未发现裂缝，用钢直尺检查也没有弯曲（使钢直尺和试饼底部紧靠，以两者间不透光为不弯曲）的试饼为安定性合格，反之为不合格；当两个试饼判别结果有矛盾时，该水泥的安定性为不合格。

3.2.7 水泥胶砂强度检验

1. 实验目的

检验水泥各龄期强度，以确定强度等级；或已知强度等级，检验强度是否满足规范的要求。掌握国家标准《水泥胶砂强度检验方法（ISO 法）》（GB/T 17671—1999)，正确使用仪器设备并熟悉其性能。

2. 主要仪器设备

(1) 搅拌机。搅拌机采用行星式搅拌机（图 3.4），应符合 JC/T 681 要求。

用多台搅拌机工作时，搅拌锅和搅拌叶片应保持配对使用。叶片与锅之间的间隙（是指叶片与锅壁最近的距离）应每月检查一次。

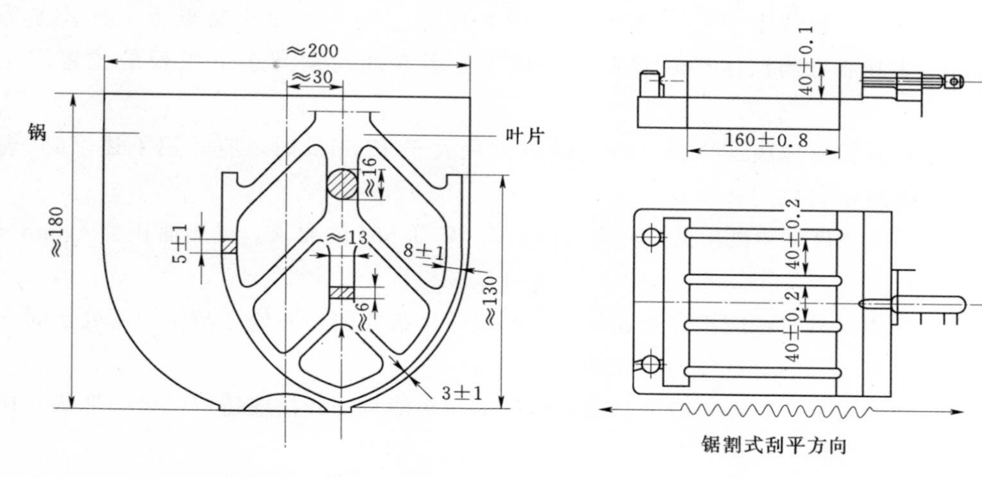

图 3.4 搅拌机（单位：mm）

图 3.5 三联试模（单位：mm）

(2) 试模。试模由 3 个水平的模槽组成（图 3.5），可同时成型三条截面为 40mm×40mm，长 160mm 的棱形试体，其材质和构造尺寸应符合 JC/T 726 的要求。

(3) 振实台。振实台应符合 JC/T 682 的要求。振实台应安装在高度约 400mm 的混凝土基座上。混凝土体积约为 0.25m^3，重约 600kg。需防外部振动影响振实效果时，可在整个混凝土基座下放一层厚约 5mm 的天然橡胶弹性衬垫。

将仪器用地脚螺丝固定在基座上，安装后设备成水平状态，仪器底座与基座之间铺一层砂浆以保证它们的完全接触。

(4) 抗折强度试验机。抗折强度试验机应符合 JC/T 724 的要求。试件在夹具中受力状态如图 3.6 所示。

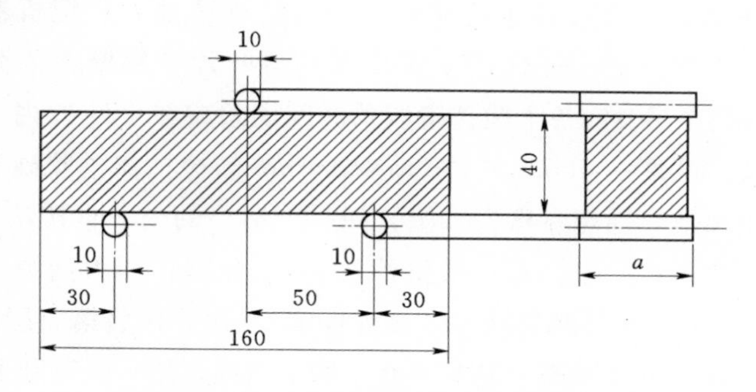

图 3.6 抗折强度测定加荷图（单位：mm）

通过 3 根圆柱轴的 3 个竖向平面应该平行，并在试验时继续保持平行和等距离垂直试体的方向，其中 1 根支撑圆柱加荷圆柱能轻微地倾斜使圆柱与试体完全接触，以便荷载沿试体宽度方向均匀分布，同时不产生任何扭转应力。

抗折强度也可用抗压强度试验机来测定，此时应使用符合上述规定的夹具。

（5）抗压强度试验机。抗压强度试验机应具有按（2400±200)N/s速率的加载能力。在较大的4/5量程范围内使用时，记录的荷载应有±1%精度。

压力机上压板球座中心在该机竖向轴线与上压板下表面相交点上，其公差为±1mm。上压板在与试体接触时能自动调整，但在加荷期间上下压板的位置固定不变。

当试验机没有球座或球座已不灵活或直径大于120mm时，应采用下述（6）规定的抗压强度试验机用夹具。

（6）抗压强度试验机用夹具。夹具应符合JC/T 683的要求，受压面积为40mm×40mm。

需要使用夹具时，应把它放在压力机的上下压板之间，并使之与压力机处于同一轴线，以便将压力的荷载传递至胶砂试件表面。

夹具要保持清洁，球座应能转动以使其上压板能从一开始应适应试体的形状并在实验中保持不变。

3. 实验步骤

（1）试验前准备。成型前将试模擦净，四周的模板与底板接触面上应涂黄油，紧密装配，防止漏浆，内壁均匀刷一薄层机油。

（2）胶砂制备。实验砂采用中国ISO标准砂，其颗粒分布和湿含量应符合GB/T 17671—1999有关要求。

1）胶砂配合比。试件所用胶砂的质量配合比如下：水泥：标准砂：水＝1：3：0.5。1锅胶砂成型3条试件，每锅材料用量为水泥（450±2)g；标准砂（1350±5)g；水（225±1)mL。

2）搅拌。每锅胶砂用搅拌机进行搅拌。可按下列程序操作：①胶砂搅拌时先把水加入锅里，再加水泥，把锅放在固定架上，上升至固定位置；②立即开动机器，低速搅拌30s后，在第二个30s开始的同时均匀地将砂子加入；把机器转至高速再拌30s；③停拌90s，在第一个15s内用一胶皮刮具将叶片和锅壁上的胶砂，刮入锅中间，在高速下继续搅拌60s，各个搅拌阶段的时间误差应在±1s以内。

（3）试件成型。试件是40mm×40mm×160mm的棱柱体。胶砂制备后应立即进行成型。将空试模和模套固定在振实台上，用一个适当的勺子直接从搅拌锅里将胶砂分两层装入试模。装第一层时，每个槽里约放300g胶砂，用大播料器垂直架在模套顶部沿每1个模槽来回一次将料层播平，接着振实60次。再装第二层胶砂，用小播料器播平，再振实60次。移走模套，从振实台上取下试模，用一金属刮平尺以约90°的角度架在试模模顶的一端，然后沿试模长度方向以横向锯割动作慢慢向另一端移动，一次将超过试模部分的胶砂刮去，并用同一刮平尺以近乎水平的角度将试体表面抹平。

在试模上作标记或加字条标明试件编号和试件相对于振实台的位置。

(4) 试体的养护。

1) 脱模前的处理及养护。将试模放入湿气养护箱或雾室的水平架上养护，湿空气应能与试模周边接触，养护时不应将试模放在其他试模上。试体养护到规定的脱模时间时取出脱模。脱模前用防水墨汁或颜料对试件进行编号和做其他标记，编号时应将同一试模中的3条试件分在两个以上龄期内。

2) 脱模。脱模应非常小心，可用塑料锤、橡皮榔头或专门的脱模器。对于24h龄期的试件，应在破型实验前20min内脱模；对于24h以上龄期的试件，应在20～24h之间脱模。

3) 水中养护。将做好标记的试件水平或垂直放在(20±1)℃水中养护，水平放置时刮平面应朝上，养护期间试体之间的间隔或试体上表面在水面以下的深度不小于5mm。

(5) 强度试验。

1) 强度试验试体的龄期。试体龄期是从水加水开始搅拌时算起的。各龄期的试体必须在表3.3规定的时间内进行强度试验。试体从水中取出后，在强度试验前应用湿布覆盖。

表3.3 **强度试验试体的龄期**

龄期	时间	龄期	时间
24h	24h±15min	7d	7d±2h
48h	48h±30min	>28d	28d±8h
72h	72h±45min		

2) 抗折强度试验。

a. 每龄期取出3条试体先做抗折强度试验。试验前须擦去试体表面的附着水分和砂粒，清除夹具上圆柱表面黏着的杂物，试体放入抗折夹具内，应使侧面与圆柱接触。

b. 采用杠杆式抗折试验机试验时，试体放入前，应使杠杆成平衡状态。试体放入后调整夹具，使杠杆在试体折断时尽可能地接近平衡位置。

c. 抗折试验的加荷速度为(50±10)N/s。

3) 抗压强度试验。

a. 抗折强度试验后的断块应立即进行抗压试验。抗压试验用抗压夹具进行，受压面是试体成型时的两个侧面，受压面积为40mm×40mm。

b. 试验前应清除试体受压面与压板间的砂粒和杂物。试验时以试体（半截棱柱体）的侧面作为受压面，试体的底面靠紧夹具定位销，并使夹具对准压力机压板中心。半截棱柱体中心与应力机压板受压中心差在±0.5mm内，棱柱体露在压板外的部分约有10mm。

c. 在整个加荷过程中以(2400±200)N/s的速度均匀地加荷直至试体破坏。

4. 试验结果计算及处理

（1）抗折试验结果。抗折强度按式（3.11）计算，精确到0.1MPa：

$$R_f=\frac{1.5F_fL}{b^3} \tag{3.11}$$

式中 R_f——水泥抗折强度，MPa；

F_f——折断时施加于棱柱体中部的荷载，N；

L——支撑圆柱之间的距离，100mm；

b——棱柱体正方形截面的边长，40mm。

以1组3个棱柱体抗折结果的平均值作为实验结果。当3个强度值中有超出平均值±10%时，应剔除后再取平均值作为抗折强度实验结果。

（2）抗压试验结果。抗压强度按下式计算，精确至0.1MPa：

$$R_c=\frac{F_c}{A} \tag{3.12}$$

式中 R_c——水泥抗压强度，MPa；

F_c——破坏时的最大荷载，N；

A——受压部分面积，mm^2（$40mm\times40mm=1600mm^2$）。

以1组3个棱柱体上得到的6个抗压强度测定值的算术平均值为实验结果。

如果6个测定值中有一个超出6个平均值的±10%，应剔除这个结果，以剩下5个的平均值为结果；如果5个测定值中再有超过它们平均值±10%，则此组结果作废。应重新取样并重做实验。

3.2.8 实验报告参考格式

实验二 水泥的主要技术性质实验

日期：____年____月____日　　　实验室温度：________湿度：________

实验人：____________　成绩：____________　　　指导老师：____________

（一）实验目的

（二）主要仪器设备

（三）原始数据记录及处理

1. 水泥细度测定

试验方法	负压筛法	备注
试样质量 W/g		水泥细度以试样的筛余百分数表示，并按下式计算（精确至0.1%）：$F=\frac{R_t}{W}\times100\%$
烘干后筛余物质量 R_t/g		
筛余百分数 F/%		
结果评定		

2. 水泥标准稠度用水量测定（代用法，不变水量法）

试样质量 m/g		备　注
不变水量法用水量/mL	142.5	标准稠度用水量按下式计算：$P=33.4-0.185S$
试锥下沉深度 S/mm		
标准稠度用水量 P/%		

3. 水泥凝结时间的测定

水泥试样质量 m(g)：__________，水泥标准稠度用水量 P(%)：__________

加水时间/(h：min)		备　注
到达初凝状态的时间/(h：min)		
到达终凝状态的时间/(h：min)		
初凝时间/min		
终凝时间/min		
结果评定		

4. 安定性检验（标准法，即雷氏法）

	沸煮前指针尖端的距离 A（精确至 0.5mm）	沸煮后指针尖端的距离 C（准确至 0.5mm）	$C-A$	备　注
第一块试件				$C-A$ 的平均值≤5.0mm 时，安定性合格；$C-A$ 的平均值>5.0mm 时，应取同一样品立即重做试验。以复检结果为准
第二块试件				
结果评定				

5. 强度测试

(1) 水泥胶砂试件成型与养护。

试件的成型日期	___年___月___日___时___分			
制作 3 个棱柱体试件所需的原材料用量	水泥/g	标准砂/g	水/mL	水灰比
试件的成型数量				
脱模时间	___年___月___日___时___分			
养护情况				

(2) 抗折强度、抗压强度测定。

加荷速度：________N/s；室温：________，相对湿度：________

水泥品种等级				龄期/d			
水泥出厂日期			成型日期		测试（破型）日期		
试件编号		1		2		3	
抗折强度	试件受力尺寸/mm	$L=100$，$b=40$					
	破坏荷载 F_f/N						
	抗折强度 R_f/MPa						
	是否应剔除						
	平均值/MPa						
抗压强度	受压面积/mm²	40mm×40mm=1600					
	破坏荷载 F_C/N						
	抗压强度 R_C/MPa						
	是否应剔除						
	平均值/MPa						

（四）实验结果分析

根据以上的强度检测结果，按照________________标准，该水泥试样的强度等级评定为________等级。

3.3 混凝土细集料的基本性能实验

本实验是为了测定普通混凝土用砂的细度模数并判定其颗粒级配。

3.3.1 实验目的及依据

按照《普通混凝土用砂、石质量及检验方法标准》（JGJ 52—2006）标准的规定，测定砂的颗粒级配和细度模数，作为选择和判定混凝土用砂的技术依据。

3.3.2 主要仪器设备

（1）试验筛。公称直径分别为10.0mm、5.00mm、2.50mm、1.25mm、630μm、315μm、160μm的方孔筛各1只，筛的底盘和盖各一只。筛框直径为300mm或200mm。筛的质量要求应符合现行国家标准《金属丝编织网试验筛》（GB/T 6003.1）和《金属穿孔板试验筛》（GB/T 6003.2）的规定。

（2）天平：天平的量程1000g，感量1g。

（3）摇筛机。

(4) 烘箱：温度控制范围为 (105±5)℃。

(5) 浅盘、硬、软毛刷、容器、小勺等。

3.3.3 试样准备

样品经缩分后，先用试验筛筛除试样中大于 10mm 的颗粒，并计算出筛余百分率。若试样中的含泥量超过 5%，应先用水洗，然后烘干至恒量再进行筛分。

取每份不少于 550g 的试样两份，分别倒入两个浅盘中，置于烘箱烘至恒重（间隔时间大于 3h 的两次称量之差小于该实验所要求的称量精度即为恒重），冷却至室温后备用。

3.3.4 测定步骤

(1) 将试验筛由上至下按孔径从大到小顺序叠放，筛孔最小的试验筛下放置一个底盘。

(2) 称取烘干试样 500g，倒入最上层 5mm 筛内。加盖后，置于摇筛机上摇筛约 10min。

(3) 将整套筛自摇筛机上取下，按孔径大小顺序在洁净浅盘上逐个进行手筛，至每分钟的筛出量不超过试样总质量的 0.1%。通过的颗粒并入下一筛孔的试验筛中，并与下一筛孔试验筛中的试样一起过筛，每个筛依次全部筛完为止。

试验时，试样在各试验筛上的筛余量均不得超过按式 (3.13) 计算得出的剩留量。否则应将该筛上的筛余试样再分为两份或数份，再次进行筛分，并以其筛余量之和作为该筛的筛余量。

$$M_r = \frac{A\sqrt{d}}{300} \tag{3.13}$$

式中 A——筛面积，mm^2；

d——砂筛筛孔（方孔筛）的边长，mm；

M_r——某试验筛上的剩留量，g。

(4) 称量各号筛上的筛余试样（精确至 1g）。所有各筛的分计筛余量和底盘中剩余量的总和与筛分前试样总量相比，其差值不得超过 1%。

注：①试样若为特细砂，筛分时增加孔径为 0.080mm 的方孔筛 1 只；②若无摇筛机，可直接采用手筛；③如试样含泥量超过 5%，则应先用水洗，然后烘干至恒重，再进行筛分。

3.3.5 测定结果

(1) 计算分计筛余百分率 a_1，即各筛上的筛余量除以试样总量的百分率（精确至 0.1%）。

(2) 计算累计筛余百分率 A_1：即该筛的分计筛余与筛孔大于该筛的各筛的分计

筛余百分率之和（精确至0.1%）。

（3）根据各筛两次试验累计筛余的平均值，查表或绘制筛分曲线（见筛分曲线图），评定该试样的颗粒级配分布情况，精确至1%。

（4）按式（3.14）计算砂的细度模数 M_x，即

$$M_x=\frac{A_2+A_3+A_4+A_5+A_6-5A_1}{100-A_1} \tag{3.14}$$

式中 A_1、A_2、A_3、A_4、A_5、A_6——为公称直径5.00mm、2.50mm、1.25mm、630μm、315μm、160μm方孔筛上的累计筛余百分率。

（5）筛分试验采用两份试样进行平行实验，并以两份试样实验结果的算术平均值作为测定值，精确至0.1。若两份试样实验所得的细度模数之差大于0.20，应重新取样进行实验。

3.3.6 结果分析

砂的粗细程度可用其细度模数来判断。细度模数愈大，表示砂愈粗。普通混凝土用砂的粗细程度按细度模数分为粗、中、细3级，其细度模数范围：在3.7～3.1mm为粗砂，在3.0～2.3mm为中砂，在2.2～1.6mm为细砂（特细砂为1.5～0.7mm）。

除特细砂外，可根据各筛的累计筛余量（以质量百分率计）将砂分成3个级配区，砂的颗粒级配分区表3.4。建筑用砂的颗粒级配应符合表3.4的规定。

表3.4　　砂的颗粒级配及其分区

公称直径/筛孔边长/mm	级配区		
	1区	2区	3区
	累计筛余（按质量计）/%		
10.00/9.50	0	0	0
5.00/4.75	10～0	10～0	10～0
2.50/2.36	35～5	25～0	15～0
1.25/1.18	65～35	50～10	25～0
0.63/0.60	85～71	70～41	40～16
0.315/0.300	95～80	92～70	85～55
0.16/0.15	100～90	100～90	100～90

根据表3.4，可绘制各级配区的筛分曲线，如图3.7所示。

砂颗粒级配的确定：

混凝土用砂的颗粒级配的累计筛余百分率处于表中任何一个级配区范围，则认为该砂的级配合格；若有超越，只允许在2.500mm、1.250mm、0.315mm和0.160mm等4个公称直径上发生，且超越总量绝对值应小于或等于5%，而对

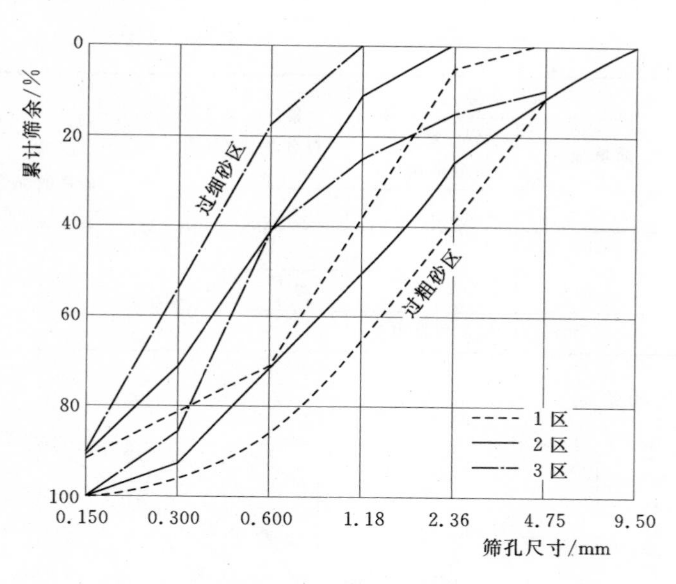

图 3.7 砂的级配区曲线

5.00mm 和 0.630mm 筛孔，则不允许有超越，否则，砂的级配视为不合格。

3.3.7 实验报告参考格式

实验三 混凝土细集料细度模数与颗粒级配实验

日期：____年____月____日　　　实验室温度：________湿度：________

实验人：____________　成绩：____________　　指导老师：____________

（一）实验目的

（二）主要仪器设备

（三）原始数据记录与处理

1. 细度模数 M_x 的测定

<table>
<tr><td colspan="4">细骨料种类</td><td></td></tr>
<tr><td colspan="4">烘干砂样的质量/g</td><td></td></tr>
<tr><td colspan="4">筛分结果</td><td>细度模数计算</td></tr>
<tr><td rowspan="2">筛孔边长
/mm</td><td colspan="2">分计筛余量</td><td rowspan="2">累计筛余
百分率 A_i/%</td><td rowspan="7">砂样的细度模数 M_x：
$M_x=\frac{A_2+A_3+A_4+A_5+A_6-5A_1}{100-A_1}$</td></tr>
<tr><td>质量/g</td><td>分计复筛余
百分率 a_i/%</td></tr>
<tr><td>9.50</td><td></td><td></td><td></td></tr>
<tr><td>4.75</td><td></td><td></td><td></td></tr>
<tr><td>2.36</td><td></td><td></td><td></td></tr>
<tr><td>1.18</td><td></td><td></td><td></td></tr>
<tr><td>0.600</td><td></td><td></td><td></td></tr>
</table>

续表

筛孔边长/mm	分计筛余量		累计筛余百分率 A_i/%	
	质量/g	分计复筛余百分率 a_i/%		砂样的细度模数 M_x：$M_x=\dfrac{A_2+A_3+A_4+A_5+A_6-5A_1}{100-A_1}$
0.300				
0.150				
筛底				
筛后总量		筛后质量损失		

2. 筛分曲线的绘制

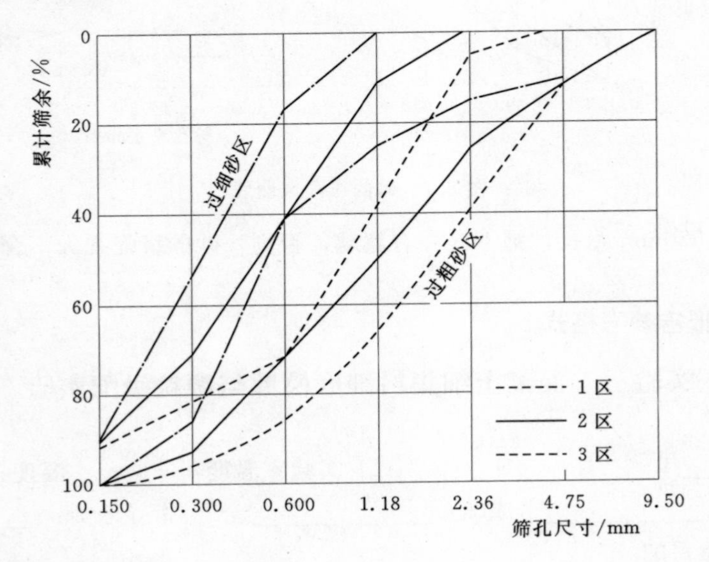

3. 颗粒级配及结果分析

结果评定	按细度模数 M_x 分级	________砂	备　注
	级配属	________区	
	级配情况		

3.4　普通混凝土的基本性能实验

普通混凝土的基本性能实验主要包括混凝土拌合物的和易性实验、拌合物表观密度实验、混凝土立方体抗压强度与劈裂抗拉强度实验等，是建筑工程中最常见的混凝土性能实验。

3.4.1 混凝土拌合物和易性实验（拌合物坍落度实验）

本实验方法适用于测定骨料最大粒径 D_{max} 不大于 40mm 且坍落度不小于 10mm 的拌合物。

1. 实验目的及依据

本实验依据《普通混凝土拌合物性能试验方法标准》（GB/T 50080—2002），通过测定拌合物的坍落度，观察其流动性、保水性与黏聚性，综合判定混凝土的和易性，作为调整配合比和控制混凝土质量的依据。

2. 主要仪器设备

（1）磅秤：量程 50kg，精度 50g。

（2）天平：量程 5kg，精度 1g。

（3）量筒：200mL 和 1000mL 各 1 只。

（4）搅拌机：50L 与 250L 搅拌机各 1 台。

（5）坍落度筒及捣棒：坍落度筒为金属制圆锥体筒，底部内径 200mm，顶部内径 100mm，高 300mm，壁厚不小于 1.5mm；捣棒尺寸约 16mm×600mm。

（6）拌板、铁锹、小铲、盛器、抹刀、抹布、钢直尺等。

3. 拌合物试样的制备

（1）拌制混凝土的一般规定。

1）拌制混凝土的原材料应符合相关的技术要求，并与施工实际用料相同。在拌合前，材料的温度应与试验室室温［应保持在（20±5)℃］相同，水泥如有结块现象，应用 0.9mm 的筛过筛，筛余团块不得使用。

2）在决定用水量时，应扣除原材料的含水量，并相应增加其他各种材料的用量。

3）拌制混凝土的材料用量以质量计。称量精度：集料为±1%，水、水泥、混凝土掺和料及外加剂均为±0.5%。

4）拌制混凝土所用的各种用具（如搅拌机、拌和铁板和铁锹、抹刀等），应预先用水湿润，使用完毕后必须清洗干净，上面不得有混凝土残渣。

（2）拌和方法。下面以机械拌和法为例来介绍混凝土拌合物的和易性实验。

按所需数量称取各种材料，分别按石、水泥、砂的顺序依次装入搅拌机的料斗，开动机器徐徐将计算并称量好的水加入，继续搅拌 2～3min，将混凝土拌合物倾斜倒在铁板上，再经人工翻拌两次，使拌合物均匀一致后用于实验。

4. 实验步骤

（1）湿润坍落度筒及底板，在坍落度筒内壁和底板上应无明水。底板应放置在坚实的水平地面上，并将坍落度筒放在底板中心，然后用脚踩住两边的脚踏板，使坍落度筒在装料时保持固定的位置。

（2）将按要求取得的混凝土试样用小铲分 3 层均匀地装入筒内，使捣实后每层高度为筒高的1/3左右。每层用捣棒插捣25次。插捣应沿螺旋方向由外向中心进行，各次插捣点在截面上均匀分布，插捣筒边混凝土时，捣棒可以稍稍倾斜。插捣底层时，捣棒应贯穿整个深度，插捣第2层和顶层时，捣棒应插透本层至下一层的表面。装填顶层时，应将混凝土灌满高出坍落度筒口。插捣过程中，如果拌合物沉落到低于筒口，应随时添加使之高于坍落度筒顶。顶层插捣完毕后，刮去多余的混凝土，并用抹刀抹平。

（3）清理筒边底板上的混凝土后，小心地垂直提起坍落度筒。提起时应特别注意平衡，不要让混凝土试体受到碰撞或震动，筒体的提离过程应在5～10s内完成。从开始装料入筒内到提起坍落度筒的整个过程应连续地进行，不得间断，并应在150s内完成。

（4）提起坍落度筒后，将筒安放在拌合物试体的一侧（注意整个操作基面要保持同一水平面），立即测量筒顶与坍落后混凝土试体最高点之间的高度差，此即为该混凝土拌合物的坍落度坍落度值（以mm为单位，结果表达精确至5mm）；坍落度筒提离后，如果试件发生崩坍或一边剪切破坏，则应重新取样进行测定。如第2次仍出现这种现象，则表示该拌合物和易性不好，应予以记录。

（5）保水性。以目测的结果来判断。坍落度筒提起后，如有较多稀浆从底部析出，试体则因失浆使骨料外露，表示该混凝土拌合物保水性能不好，若无此现象，或仅只少量稀浆自底部析出、而锥体部分混凝土试体含浆饱满，则表示保水性良好，并做记录。

（6）黏聚性。以目测的结果来判断。用捣棒在已坍落的混凝土锥体侧面轻轻敲打，若混凝土锥体逐渐下沉，则表示黏聚性良好，如果锥体倒塌、部分崩裂或出现离析，则黏聚性不好，应做记录。

（7）当混凝土拌合物的坍落度大于220mm时，用钢尺测量混凝土扩展后最终的最大直径和最小直径，在这两个直径之差小于50mm的条件下，用其算术平均值作为坍落扩展度值；否则，此次试验无效。

5. 测定结果

（1）混凝土拌合物和易评定，应按实验测定值和实验目测情况综合评定。其中坍落度至少测定两次，并以测值之差不大于20mm的两次测定值为有效数据，求其算术平均值作为本次试验的测量结果（精确至5mm）。

（2）所测拌合物坍落度值若小于10mm，说明该拌合物过于干稠，宜采用其他方法测定其和易性。

6. 混凝土拌合物和易性的评定

和易性：指混凝土拌合物易于施工操作并能获得质量均匀、成型密实的性能，包括流动性、黏聚性和保水性等3方面的含义。其中流动性是指混凝土拌合物在本身自重或机械振捣的作用下，能产生流动，并均匀密实地填满模板的功能。黏聚性是指混凝土拌合物在施工过程中其组成材料之间有一定的黏聚力，不致产生分层和离析的现象。保水性是指混凝土拌合物在施工过程中，具有一定的保水能力，不致产生严重的泌水现象。因此，和易性就是这3方面性质在某种具体条件下矛盾的统一。

3.4.2 混凝土拌合物的表观密度实验

1. 实验目的及依据

混凝土拌合物的表观密度是混凝土的重要指标之一，拌制每立方米混凝土所需各种材料用量，需根据表观密度来计算和调整。

本实验依据《普通混凝土拌合物性能试验方法标准》（GB/T 50080—2002），适用于测定混凝土拌合物捣实后的单位体积质量（即表观密度）。

2. 主要仪器设备

容量筒，台秤，振动台，捣棒等。

3. 实验步骤

（1）用湿布把容量筒内外擦干净，称出筒质量 m_1（精确至0.05kg）。

（2）混凝土拌合物的装料与捣实。其装料及捣实方法应根据拌合物的稠度而定：坍落度不大于70mm时，用振动台振实为宜；大于70mm的用捣棒捣实为宜。

1）采用捣棒捣实时，应根据容量筒的大小决定分层与插捣次数。用5L容量筒时，拌合物应分两层装入，每层的插捣次数应大于25次；用大于5L容量筒时，每层混凝土的高度应不大于100mm，每层的插捣次数应按每100cm^{2}截面不小于12次计算。各次插捣应均匀地分布在每层截面上，插捣底层时捣棒应贯穿整个深度，插捣第2层时，捣棒应插透本层至下一层的表面。每一层捣完后可把捣棒垫在筒底，将筒左右交替地颠击地面各15次。

2）采用振动台振实时，应一次将混凝土拌合物装入容量筒内，并高出筒口。装料时可用捣棒稍加插捣，振动过程中如混凝土沉落到低于筒口，则应随时添加混凝土，振动至表面出浆为止。

（3）用刮尺沿筒口刮除多余的混凝土拌合物，抹平表面，表面如有凹陷则应予以填平。将容量筒外壁擦干净，称出混凝土与容量筒的总质量，记为 m_2（精确至0.05kg）。

4. 实验结果及处理

（1）表观密度的计算。按式（3.15）计算混凝土拌合物的表观密度 ρ_0（计算结果修约至10kg/m^3）：

$$\rho_0=\frac{m_2-m_1}{V} \tag{3.15}$$

式中 ρ_0——混凝土拌合物的表观密度，kg/m^3；

m_2——容量筒及混凝土拌合物的总质量，kg；

m_1——容量筒的质量，kg；

V——容量筒的容积，m^3。

（2）实验结果处理。以两次实验结果的算术平均值作为测定值，精确到

$10kg/m^3$，试样不得重复使用。

注：应经常校正试样筒容积：将干净的试样筒和玻璃板合并称其质量，再将试样筒加满水，盖上玻璃板，勿使筒内存有气泡，擦干外部水分，称出此时试样筒、玻璃板和水的总质量，计算得到筒内水的质量，即为试样筒容积。

3.4.3 混凝土立方体抗压强度与劈裂抗拉强度实验

1. 实验目的、依据及适用范围

混凝土立方体抗强度是确定混凝土强度等级和调整配合比的重要依据，立方体劈裂抗拉强度是判定混凝土极限抗拉强度的依据。本实验目的是测定混凝土抗压强度和劈裂抗拉强度，实验依据《普通混凝土力学性能试验方法标准》(GB/T 50081—2002)。本书介绍的实验方法适用于测定混凝土立方体试件的抗压强度、劈裂抗拉强度。

2. 主要仪器设备

(1) 标准试模：尺寸150mm×150mm×150mm。

(2) 标准养护室：温度 (20±2)℃，相对湿度95%以上。

(3) 压力试验机：量程200t，精度±1%。

(4) 垫条：为3层胶合板制成。其宽度 b 为20mm，厚度 $t=3\sim4$mm，长度 $l\geqslant$ 150mm（即不小于立方体试件的长度）。垫条不得重复使用。

(5) 垫块：采用半径75mm的钢制弧型垫块，其横截面尺寸如图3.8所示，长度与试件相同。

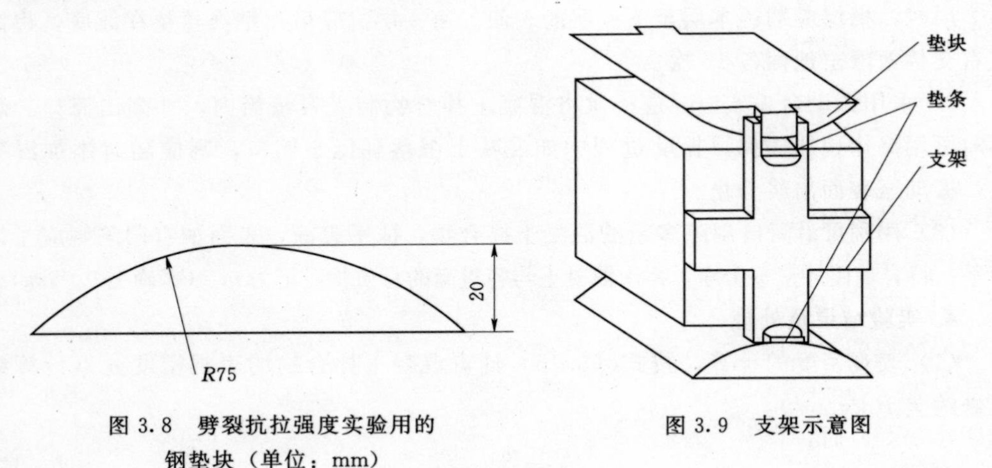

图3.8 劈裂抗拉强度实验用的钢垫块（单位：mm）

图3.9 支架示意图

(6) 支架：为钢支架，如图3.9所示。

3. 混凝土立方体抗压强度实验

(1) 将成型后的试件用不透水的薄膜覆盖表面，防止水分蒸发，并在室温 (20±5)℃环境中静置1～2昼夜，脱模并给试件编号。

(2) 拆模后的试件立即移入标准养护室中进行养护。置于养护室内支架上的试样间距应保持10～20mm，并避免水流直接冲刷试件表面。

(3) 将养护到一定龄期的混凝土试件从养护室取出，并应尽快进行实验，同时还要求：

1) 将试件表面擦干净，测量其尺寸，并检查外观，试件尺寸测量精确至1mm，据此计算试件的承压面积A_1。如实测尺寸与公称尺寸之差不超过1mm，可按公称尺寸进行计算。试件承压面的不平度应为每100mm长不超过0.05mm，承压面与相邻面垂直偏差应不超过±1°。

2) 将试件安放在试验机的下压板上，试件的承压面应与成型时的顶面垂直。试件的中心应与试验机下压板中心对齐。

3) 开动试验机，当上压板与试件接近时，调整球座，使接触平衡。

4) 应连续而均匀地加荷。当混凝土强度等级小于C30时，加荷速度为每秒0.3～0.5MPa；混凝土强度等级大于或等于C30时，加荷速度为每秒0.5～0.8MPa。当试件接近破坏而开始迅速变形时，应停止调整试验机送油阀油门，直至试件破坏，然后记录破坏荷载F_1。

(4) 测试结果。试件的抗压强度f_{cu}按式(3.16)计算(精确至0.1MPa)，即

$$f_{cu}=\frac{F_1}{A_1} \tag{3.16}$$

式中 F_1——破坏荷载，N；

A_1——试件承压面积，mm^2。

混凝土立方体抗压强度值应按下述之规定来确定：

1) 以3个试件测值的算术平均值作为该组混凝土立方体抗压强度值(精确至0.1MPa)。

2) 3个测值中若有偏差过大的数值，按GB/T 50081—2002规定取舍原则处理，即：如果3个测值中的最大值或最小值中有一个与中间值的差超过中间值的15%，则把最大值和最小值一并舍去，取中间值作为该组试件的抗压强度值；如果最大值、最小值与中间的差均超过中间值的15%，则该组试件的实验结果无效。

3) 混凝土抗压强度试验的标准试件尺寸为150mm×150mm×150mm，用其他尺寸试样测得的抗压强度值应乘以尺寸换算系数K。当混凝土强度等级小于C60时，用非标准试件测得的强度值应乘以的尺寸换算系数K如表3.5所示，当混凝土强度等级不小于C60时，宜采用标准试件；使用非标准试件时，尺寸换算系数应由试验确定。

表3.5 混凝土立方体抗压强度试件的尺寸、骨料最大粒径与换算系数K

试件尺寸 /(mm×mm×mm)	骨料最大粒径 /mm	每层插捣次数	抗压强度值的尺寸换算系数K
100×100×100	30	12	0.95
150×150×150	40	27	1.00
200×200×200	60	50	1.05

(5) 混凝土强度等级的确定。采用标准试验方法测定其28d强度作为混凝土强度等级评定的依据。

对于早期在不同温度条件下养护的混凝土试件强度推定标准养护28d的混凝土强度的方法，详见《早期推定混凝土强度试验方法》(JGJ/T 15)。

4. 混凝土劈裂抗拉强度实验

混凝土的抗拉强度仅占其抗压强度1/10左右，而且，随着混凝土强度等级的提高，该比值有所降低。混凝土的受拉破坏属于一种脆性破坏，因此，混凝土在工作时一般不依靠其抗拉强度。

测定混凝土抗拉强度的方法有轴心拉伸法和劈裂法。轴心拉伸法常因试件缺陷和偏心使实验结果离散性大，故一般多采用劈裂法。本书中仅介绍劈裂法。

(1) 实验原理。混凝土的劈裂抗拉强度实验是在立方体试件上两个相对的表面中线处作用均匀分布的压力，在荷载所作用的竖向平面内产生均匀分布的拉伸应力；当拉伸应力达到混凝土极限抗拉强度时，试件将被劈裂破坏，从而可以计算得出混凝土的劈裂抗拉强度。

(2) 实验步骤。

1) 将试件从养护室中取出后应及时进行实验，将试件表面与压力试验机上下承压板面擦干净。

2) 在试件侧面中部画线以确定劈裂面的位置，劈裂面和劈裂承压面应与试件成型时的顶面垂直。

3) 量出劈裂面的边长（精确至1mm），计算出劈裂面面积A_2。

4) 将试件放在压力试验机下压板的中心位置。在上、下压板与试件之间垫以圆弧形垫块及垫条各一条，垫块与垫条应与试件上、下面的中心线对准并与成型时的顶面垂直。可以把垫条及试件安装在定位架上使用，如图3.9所示。

5) 开动压力试验机，当上压板与圆弧形垫块接近时，调整球座，使接触均衡。加荷应连续而均匀地进行，使荷载通过垫条均匀地传至试件上。当混凝土强度等级小于C30时，加荷速度取每秒钟0.02～0.05MPa；当混凝土强度等级不小于C30且小于C60时，取每秒钟0.05～0.08MPa；当混凝土强度等级不小于C60时，取每秒钟0.08～0.10MPa，至试件接近破坏时，应停止调整试验机送油阀的油门，保持继续加荷至试件破坏，记录破坏荷载F_2。

(3) 实验结果计算。

1) 混凝土的劈裂抗拉强度按式(3.17)计算（精确至0.01MPa）：

$$f_{ts}=\frac{2F_2}{\pi A_2}=0.637\frac{F_2}{A_2} \tag{3.17}$$

式中 f_{ts}——劈裂抗拉强度，MPa；

F_2——破坏荷载，N；

A_2——试件劈裂面积，mm^2。

2）以3个试件的算术平均值作为该组试件的劈裂抗拉强度值（精确至0.01MPa）。其异常测值的取舍原则同混凝土抗压强度试验。

3）采用100mm×100mm×100mm的非标准试件测得的劈裂抗拉强度值，应乘以尺寸换算系数0.85；当混凝土强度等级不小于C60时，宜采用标准试件；使用非标准试件时，尺寸换算系数应由试验确定。

3.4.4 思考题

（1）拌合物坍落度不满足施工要求（太大或太小）时，应如何调整？调整时应注意哪些事项？

（2）影响混凝土抗压强度的主要因素有哪些？并据此说明工程中可采用哪些措施来提高混凝土的抗压强度。

（3）普通混凝土配合比设计的基本原理是建立在混凝土和拌合物性能变化规律的基础上，根据工作特征、强度设计等级、耐久性要求、施工管理水平和施工方法、原材料性质等资料，通过计算、试验试配和调整，最后确定基本变量值的一个系统过程，基本变量值示意图如图3.10所示（W_0：单位用水量）。请据此思考泵送混凝土配合比设计应如何进行。

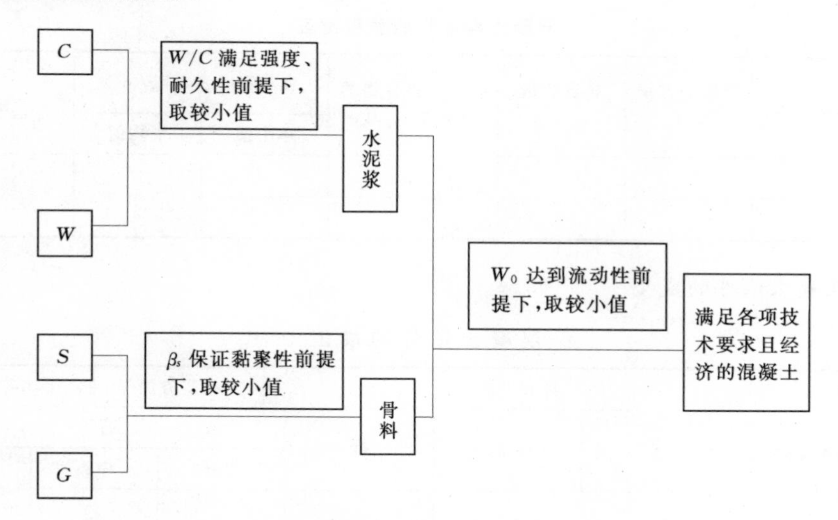

图3.10 确定基本变量值

3.4.5 实验报告参考格式

实验四 普通混凝土的基本性能实验

日期：____年____月____日　　　　实验室温度：________湿度：________

实验人：__________ 成绩：__________ 指导老师：__________

（一）实验目的

（二）主要仪器设备

（三）原始数据记录与处理

1. 混凝土拌合物和易性的测定与调整

表1　混凝土拌合物的和易性

试拌次数		水泥	水	砂	石子			坍落度/mm	流动性（良好、适中、过小）	黏聚性（良好、较差）	保水性（良好、较差）
					大石	中石	小石				
初拌	$1m^3$ 混凝土各材料用量/kg										
	拌___L用量/kg										
调整	调整水泥浆用量/kg										
	调整砂率										

2. 混凝土拌合物表观密度的测定

表2　混凝土拌合物的表观密度

序号	捣实方法	容器的容积 V/L	容器质量 m_1/kg	容器＋拌合物的总质量 m_2/kg	表观密度 ρ_0/(kg/m³)		备注：$\rho_0=\frac{m_2-m_1}{V}$
					单个值	平均值	
1							
2							

3. 混凝土试件的成型

表3　混凝土试件的成型

成型日期		拌和方法		捣实方法		
拌合物实际配料量/kg	水	水泥	砂	石子		
				小石	中石	大石

试件种类	试件尺寸	数量
抗压强度试件		
劈裂抗拉强度试件		

4. 混凝土立方体抗压强度测试

试件破型日期：____年____月____日。

养护室温度：__________℃，相对湿度：__________%。

实验室温度：__________℃，相对湿度：__________%。

加荷速度：________ kN/s。

试验原始记录见表 4。

表 4　　混凝土立方体抗压强度实验原始记录

龄期	混凝土配合比（水泥：水：砂：石）				成型日期	
	设计强度等级			水泥品种		
	试件尺寸（长×宽×高）/(mm×mm×mm)	承压面积 A_1（长×宽）/(mm×mm)	破坏荷载 F_1 /N	单块抗压强度 $f_{cu}=\frac{F_1}{A_1}$/MPa	换算成标准试件的抗压强度/MPa	测定结果 /MPa
7d						
28d						

5. 混凝土抗拉强度测定（劈裂法）

试验日期：____年____月____日；加荷速度：________ kN/s

表 5　　混凝土立方体劈裂抗拉强度实验原始记录

龄期	混凝土配合比（水泥：水：砂：石）				成型日期	
	设计强度等级			水泥品种等级		
	试件尺寸（长×宽×高）/(mm×mm×mm)	劈裂面积 A_2（长×宽）/(mm×mm)	破坏荷载 F_2 /N	单块抗拉强度 $f_{ts}=0.637\frac{F_2}{A_2}$ /MPa	换算成标准试件的抗拉强度/MPa	测定结果 /MPa
7d						
28d						

（四）混凝土强度检验结果

表 6　　混凝土强度检测结果

龄期	抗压强度/MPa	抗拉强度/MPa	抗拉强度/抗压强度比例/%
7d			
28d			

（五）成果分析

（1）混凝土实测强度与设计强度等级的比较与分析。

(2) 试分析在实验过程中有哪些因素会影响混凝土强度的测试结果。

3.5 砌墙砖强度检测实验

3.5.1 实验依据及适用范围

砌墙砖是指以黏土、工业废料或其他地方资源为主要原料，经不同工艺制造的、用于砌筑承重和非承重墙体的墙砖。

本实验依据《砌墙砖检验方法》(GB/T 2542—2012) 进行，适用于烧结砖和非烧结砖。烧结砖包括烧结普通砖、烧结多孔砖以及烧结空心砖和空心砌块（以下简称空心砖）；非烧结砖包括蒸压灰砂砖、粉煤灰砖、炉渣砖和碳化砖等。

3.5.2 主要仪器设备

1. 材料试验机

试验机的示值相对误差不大于±1%，其下加压板应为球铰支座，预期最大破坏荷载应在量程的20%～80%范围内。

2. 抗折夹具

抗折强度测试的加载方式采用3点加载，其上压辊和下支辊的曲率半径为15mm，两个下支辊中有1个为铰接固定。

3. 抗压强度实验用净浆材料

实验用净浆材料应符合GB/T 25183的要求。

4. 钢直尺

钢直尺的分度值不应大于1mm。

5. 振动台、制样模具、搅拌机

振动台、制样模具、搅拌机应符合GB/T 25044的要求。

3.5.3 抗折强度实验

1. 试样数量

试样数量为10块。

2. 试件处理

试样应放在温度为(20±5)℃的水中浸泡24h后取出，用湿布拭去其表面水分，再进行抗折强度实验。

3. 实验步骤

(1) 尺寸测量：长度应在砖的两个大面的中间处分别测量两个尺寸；宽度应在砖的两个大面的中间处分别测量两个尺寸；高度应在两个条面的中间处分别测量两个尺

寸。当被测处有缺损或凸出时，可在其旁边测量，但应选择不利的一侧。尺寸的测量精确至 0.5mm。

(2) 调整抗折夹具下支辊的跨距为砖规格长度减去 40mm。但规格长度为 190mm 的砖，其跨距为 160mm。

(3) 将试样大面平放在下支辊上，试样两端面与下支辊的距离应相同。当试样有裂缝或凹陷时，应使有裂缝或凹陷的大面朝下，以 50～150N/s 的速度均匀加载，直至试样断裂，记录最大破坏荷载 P_C。

4. 结果计算与评定

(1) 结果计算。每块试样的抗折强度 R_C 按式 (3.18) 计算，精确至 0.01MPa：

$$R_C=\frac{3P_CL}{2BH^2} \tag{3.18}$$

式中 R_C——抗折强度，MPa；

P_C——最大破坏荷载，N；

L——跨距，mm；

B——试样宽度，mm；

H——试样高度，mm。

(2) 实验结果评定。实验结果以试样抗折强度的算术平均值和单块最小值表示，精确至 0.1MPa。

3.5.4 抗压强度实验

1. 试样数量

试样数量为 10 块。非烧结砖也可用抗折强度试验后的试样作为抗压强度试样。

2. 试件制备

(1) 一次成型制样。一次成型制样适用于采用样品中间部位切割，交错叠加灌浆制成强度试验试样的方式。

1) 将试样锯成两个半截砖，两个半截砖用于叠合部分的长度不得小于 100mm，如图 3.11 所示。如果不足 100mm，应另取备用试样补足。

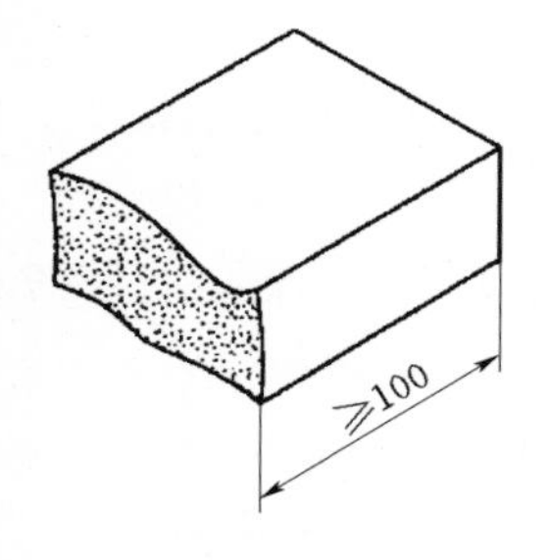

图 3.11 半截砖长度示意图（单位：mm）

2) 将已切割开的半截砖放入室温的净水中浸 20～30min 后取出，在铁丝网架上滴水 20～30min，以断口相反方向装入制样模具中。用插板控制两个半砖间距不应大于 5mm，砖大面与模具间距不应大于 3mm，砖断面、顶面与模具间垫以橡胶垫或其他密封材料，模具内表面涂油或脱模剂。制样模具及插板如图 3.12 所示。

3) 将净浆材料按照配制要求置于搅拌机中搅拌均匀。

4) 将装好试样的模具置于振动台上，加入适量搅拌均匀的净浆材料，振动时间

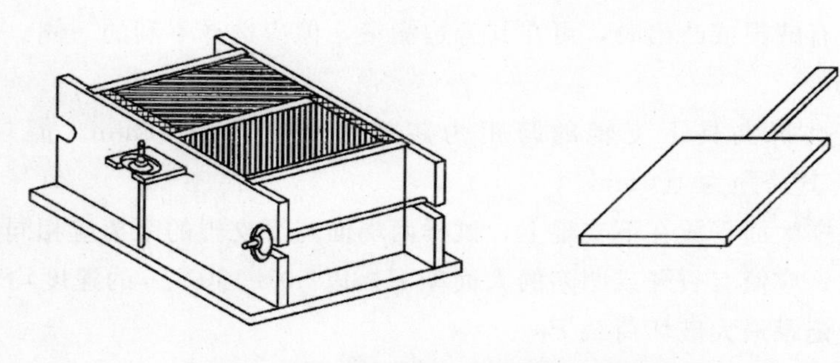

图 3.12 一次成型制样模具及插板

为0.5～1min，停止振动，静置到净浆达到初凝时间后拆模。

(2) 二次成型制样。二次成型制样适用于采用整块样品上下表面灌浆制成强度试验试样的方式。二次成型制样模具如图3.13所示。

1) 将整块试样放入室温的水中浸20～30min后取出，在铁丝网架上滴水20～30min。

2) 将净浆材料按照配制要求置于搅拌机中搅拌均匀。

3) 模具内表面涂油或脱模剂，加入适量搅拌均匀的净浆材料，将整块试样一个承压面与净浆接触，装入制样模具中，承压面找平层厚度不大于3mm。接通振动台电源，振动0.5～1min，停止振动，静置到净浆达到初凝时间后拆模。按同样方法完成整块试样另一承压面的找平。

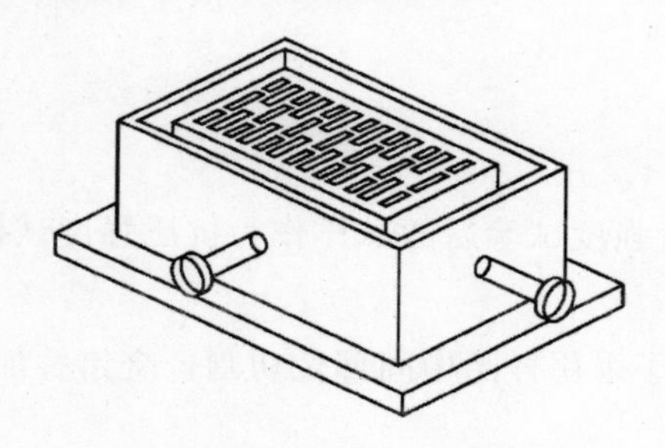

图 3.13 二次成型制样模具

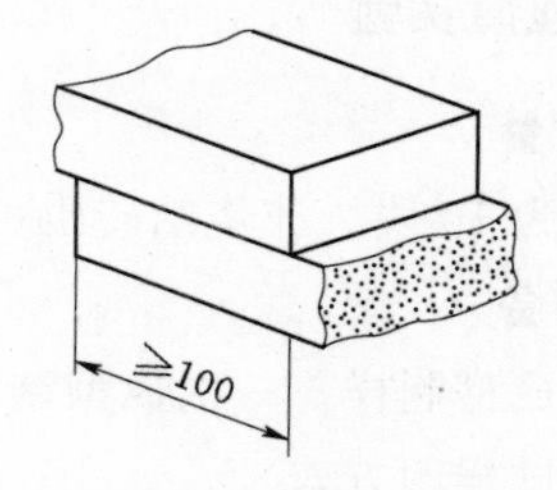

图 3.14 半砖叠合示意图（单位：mm）

(3) 非成型制样。非成型制样适用于试样无需进行表面找平处理制样的方式。

1) 将试样锯成两个半截砖，两个半截砖用于叠合部分的长度不得小于100mm。如果不足100mm，应另取备用试样补足。

2) 将两个半截砖切口相反叠放，叠合部分不得小于100mm，如图3.14所示，即为抗压强度试样。

3. 试件养护

(1) 一次成型制样、二次成型制样在不低于10℃的不通风室内养护4h。

(2) 非成型制样不需养护，试样气干状态直接进行实验。

4. 实验步骤

(1) 测量每个试样连接面或受压面的长、宽尺寸各两个，分别取其平均值，精确至 1mm。

(2) 将试样平放在加压板的中央，垂直于受压面加载，且加载应均匀平稳，不得发生冲击或振动。加载速度以 2～6kN/s 为宜，直至试样破坏为止，记录最大破坏荷载 P_P。

5. 结果计算与评定

(1) 每块试样的抗压强度 R_P 按式 (3.19) 计算，精确至 0.01MPa：

$$R_P=\frac{P_P}{LB} \tag{3.19}$$

式中 R_P——抗压强度，MPa；

P_P——最大破坏荷载，N；

L——受压面（连接面）的长度，mm；

B——受压面（连接面）的宽度，mm。

(2) 实验结果以试样抗压强度的算术平均值和标准值或单块最小值表示，精确至 0.1MPa。

3.5.5 实验报告参考格式

实验五 砌墙砖强度检测实验

日期：____年____月____日　　　　实验室温度：________湿度：________

实验人：____________　成绩：____________　　指导老师：____________

(一) 实验目的

(二) 样品名称

(三) 检测项目

(四) 检测依据（国家标准、试验规程等）

(五) 主要仪器设备

(六) 数据原始记录及处理

1. 抗折强度检测

表 1　抗折强度检测的原始记录与结果

试件编号	试件宽 B /mm	试件高 H /mm	跨距 L /mm	破坏荷载 P_C/N	抗折强度 $R_C=\frac{3P_CL}{2BH^2}$/MPa	
					单块值 R_{Ci}	实验结果
1						抗折强度平均值 $\overline{R}_C$=________
2						
3						单块最小值 $R_{C\min}$=________
4						

续表

试件编号	试件宽 B /mm	试件高 H /mm	跨距 L /mm	破坏荷载 P_C/N	抗折强度 $R_C=\frac{3P_CL}{2BH^2}$/MPa	
					单块值 R_{Ci}	实验结果
5						抗折强度平均值 $\overline{R_C}$=______ 单块最小值 $R_{C\min}$=______
6						
7						
8						
9						
10						

2. 抗压强度检测

表 2　　抗压强度检测的原始记录与结果

试件编号	试件长 L /mm	试件宽 B /mm	受压面积 $L\times B$ /(mm×mm)	破坏荷载 P_P/N	抗压强度 $R_P=\frac{P_P}{LB}$/MPa	
					单块值 R_{Pi}	平均值$\overline{R_P}$
1						
2						
3						
4						
5						
6						
7						
8						
9						
10						

（七）强度等级的确定

抗压强度平均值 $\overline{R_P}=\frac{1}{10}\sum_{i=1}^{10}R_{Pi}=$

标准差 $S=\sqrt{\frac{1}{9}\sum_{i=1}^{10}(R_{Pi}-\overline{R_P})^2}=$

抗压强度标准值 $R_k=\overline{R_P}-2.1S=$

变异系数 $\delta=\frac{S}{R_P}=$

实测单块最小值：______ MPa；平均值：______ MPa；标准值：______ MPa。

现行标准要求单块最小值≥_________ MPa，平均值≥_________ MPa，标准值≥_________ MPa，则其强度等级确定为__________________。

附表　　烧结普通砖强度等级

强度等级	抗压强度平均值/MPa	变异系数 $\delta \leqslant 0.21$	变异系数 $\delta > 0.21$
		抗压强度标准值 R_k	单块抗压强度最小值 $R_{P\min}$
MU30	≥30.0	≥22.0	≥25.0
MU25	≥25.0	≥18.0	≥22.0
MU20	≥20.0	≥14.0	≥16.0
MU15	≥15.0	≥10.0	≥12.0
MU10	≥10.0	≥6.5	≥7.5

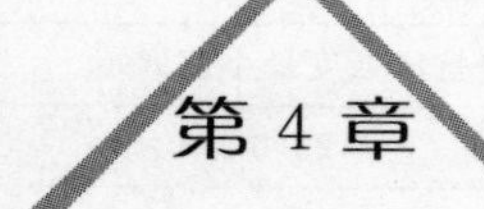

第4章 创新性层次的实验

本章介绍第二层次实验。如前所述，第二层次实验的内容不仅包含本课程重点或难点及其综合运用，而且还包括部分当前相关领域的研究热点或研究趋势等，涵盖了部分综合性、设计性及创新性实验项目等，统称为创新性层次实验。

本章主要介绍水泥的水化热测定、碱-骨料反应实验、外加剂性能实验、混凝土绝热温升实验、混凝土的弹性模量、抗水渗透性、抗冻性、抗硫酸盐侵蚀实验等实验内容。

4.1 水泥水化热测定实验

水泥水化热的测定依据《水泥水化热测定方法》（GB/T 12959—2008）标准进行，该标准中列出了两种测定方法，即溶解热法和直接法，其中，溶解热法为基准法，直接法为代用法。本书以直接法为例介绍水泥水化热的测定。

4.1.1 方法原理

本方法是依据热量计在恒定的温度环境中直接测定热量计内水泥胶砂的温度变化（因水泥水化产生），通过计算热量计内积蓄的热量与散失的热量总和，求得水泥水化7d内水化热。

4.1.2 实验原材料

1. 水泥试样

水泥试样应通过0.9mm的方孔筛，并充分混合均匀。

2. 实验用砂

实验用砂采用符合GB/T 17671规定的标准砂粒度范围在0.5～1.0mm的中砂。

3. 试样用水

实验用水应采用洁净的自来水。有争议时采用蒸馏水。

4.1.3 仪器设备

1. 直接法热量计

(1) 广口保温瓶：容积约为1.5L，散热常数测定值不大于167.00J/(h·℃)。

(2) 带盖截锥形圆筒：容积约530mL，用聚乙烯塑料制成。

(3) 长尾温度计：量程0～50℃，分度值为0.1℃。示值误差不大于±0.2℃。

(4) 软木塞：由天然软木制成。使用前在其中心打1个小孔，孔的大小应与温度计直径紧密配合，然后插入长尾温度计，深度距软木塞底面约120mm，再用热蜡密封底面。

(5) 铜套管：用铜质材料制成。

(6) 衬筒：由聚酯塑料制成，密封不漏水。

2. 恒温水槽

水槽容积根据安放热量计的数量以及易于控制温度的原则而定，水槽内的水温应控制在(20±0.1)℃，水槽装有下列附件：

(1) 水循环系统。

(2) 温度自动控制系统。

(3) 指示温度计，其分度值为0.1℃。

(4) 固定热量计的支架和夹具。

3. 胶砂搅拌机

所用胶砂搅拌机应符合JC/T 681的要求。

4. 天平

最大量程不小于1500g，分度值为0.1g。

5. 捣棒

长约400mm，直径约11mm，由不锈钢材料制成。

6. 其他

漏斗、量筒、秒表、料勺等。

4.1.4 实验条件

实验时应满足如下条件：①成型实验室温度应保持在(20±2)℃，相对湿度不低于50%；②实验期间水槽内的水温应保持在(20±0.1)℃；③恒温用水为纯净的饮用水。

4.1.5 实验步骤

1. 实验前的准备

实验前将广口保温瓶(g)、软木塞(g_1)、铜套管(g_2)、截锥形圆筒(g_3)和盖（g_4）、衬筒（g_5）、软木塞封蜡质量（g_6）分别称量记录。热量计各部件除衬筒外应编号成套使用。

2. 热量计热容量的计算

热量计的热容量，按式（4.1）计算，结果保留至0.01J/℃：

$$C=0.84\frac{g}{2}+1.88\frac{g_1}{2}+0.40g_2+1.78g_3+2.04g_4+1.02g_5+3.30g_6+1.92V \tag{4.1}$$

式中 C——不装水泥胶砂时热量计的热容量，J/℃；

g——保温瓶的质量，g；

g_1——软木塞的质量，g；

g_2——铜套管的质量，g；

g_3——塑料截锥形筒的质量，g；

g_4——塑料截锥形筒盖的质量，g；

g_5——衬筒的质量，g；

g_6——软木塞封蜡质量，g；

V——温度计伸入热量计的体积，cm^3［1.92为玻璃的容积比热，J/(cm^3·℃)］。

式中各系数分别为所用材料的比热容，J/(g·℃)。

3. 热量计散热常数的测定

(1) 测定前24h开启恒温水槽，使水温恒定在（20±0.1)℃范围内。

(2) 实验前热量计各部件和实验用品在实验室中（20±2)℃温度下恒温24h，首先在截锥形圆筒内放入塑料衬筒和铜套管，然后盖上中心有孔的盖子，移入保温瓶中。

(3) 用漏斗向圆筒内注入（500±10)g温水，水的温度应为45.0～45.2℃，准确记录用水质量（W）和加水时间（精确到min)，然后用配套的插有温度计的软木塞盖紧。

(4) 在保温瓶与软木塞之间用胶泥或蜡密封防止渗水，然后将热量计垂直固定于恒温水槽内进行实验。

(5) 恒温水槽内的水温应始终保持（20±0.1)℃，从加水开始到6h读取第1次温度 T_1（一般为34℃）左右，到44h读取第2次温度 T_2（一般为21.5℃以上)。

(6) 实验结束后立即拆开热量计，再称量热量计内所有水的质量，应略少于加入水质量，如等于或大于加入水质量，说明实验漏水，应重新测定。

4. 热量计散热常数的计算

热量计散热常数 K 按式（4.2）计算，结果保留至0.01J/(h·℃)：

$$K=(C+W\times4.1816)\frac{\lg(T_1-20)-\lg(T_2-20)}{0.434\Delta t} \tag{4.2}$$

式中 K——散热常数，J/(h·℃)；

C——热量计的热容量，J/℃；

W——加水质量，g；

T_1——实验开始后6h读取热量计的温度，℃；

T_2——实验开始后44h读取热量计的温度，℃；

Δt——读数 T_1 至 T_2 所经过的时间，38h。

5. 热量计散热常数的规定

(1) 热量计散热常数应测定两次，两次差值小于4.18J/(h·℃)时，取其平均值。

(2) 热量计散热常数 K 小于167.00J/(h·℃)时允许使用。

(3) 热量计散热常数每年应重新测定。

(4) 已经标定好的热量计如更换任意部件应重新测定。

6. 水泥水化热测定操作

(1) 测定前24h开启恒温水槽，使水温恒定在(20±0.1)℃范围内。

(2) 实验前热量计各部件和实验材料预先在(20±2)℃温度下恒温24h，截锥形圆筒内放入塑料衬筒。

(3) 按照GB/T 1346—2001测出每个样品的标准稠度用水量，并记录。

(4) 实验胶砂配比。每个样品称标准砂1350g，水泥450g，加水量 M 按式(4.3)计算，结果保留至1mL：

$$M=(P+5\%)\times 450 \tag{4.3}$$

式中 M——实验用水量，mL；

P——标准稠度用水量，%；

5%——加水系数。

1) 用潮湿布擦拭搅拌锅和搅拌叶，然后依次把称好的标准砂、水泥加入到搅拌锅中，把锅固定在机座上，开动搅拌机慢速搅拌30s后徐徐加入已量好的水，并开始计时，慢速搅拌60s，整个慢速搅拌时间为90s，然后再快速搅拌60s，改变搅拌速度时不停机。加水在20s时间内完成。

2) 搅拌完毕后迅速取下搅拌锅并用勺子搅拌几次，然后用天平称取两份质量为(800±1)g的胶砂，分别装入已准备好的两个截锥形圆筒内，盖上盖子，在圆筒内胶砂中心部位用捣棒捣一个洞，分别移入到对应保温瓶中，放入套筒，盖好带有温度计的软木塞，用胶泥或蜡密封，以防漏水。

3) 从加水时间算起第7min读取第1次温度，即初始温度 T_0。

4) 读完温度后移入到恒温水槽中固定，根据温度变化情况确定读取温度时间，一般在温度上升阶段每隔1h读1次，下降阶段每隔2h、4h、8h、12h读1次。

5) 从开始记录第1次温度时算起到168h时记录最后1次温度，即末温 T_{168}，实验测定结束。

6）全部实验过程热量计应整体浸在水中，水面至少高于热量计表面10mm，每次记录温度时都要监测恒温水槽水温是否在（20±0.1）℃范围内。

7）拆开密封胶泥或蜡，取下软木塞，取出截锥形圆筒，打开盖子，取出套管，观察套管中、保温瓶中是否有水，如有水则此瓶实验作废。

4.1.6 实验结果的计算

1. 曲线面积的计算

根据所记录时间与水泥胶砂的对应温度，以时间为横坐标（1cm对应5h），温度为纵坐标（1cm对应1℃）在坐标纸上作图，并画出20℃水槽温度恒温线。恒温线与胶砂温度曲线间的总面积（恒温线以上面积为正，恒温线以下面积为负）$\sum F_{0\sim X}$(h·℃)可按下列5种计算方法求得：

（1）用求积仪求得。

（2）把恒温线与胶砂温度曲线间的面积按几何形状划分为若干个小三角形、抛物线、梯形的面积F_1，F_2，F_3，…(h·℃)，分别计算，然后将其相加，因为$1cm^2$相当于5(h·℃)，所以总面积乘以5即得$\sum F_{0\sim X}$(h·℃)。

（3）近似矩形法。如图4.1所示，以每5h（在横坐标轴上长度为1cm）作为一个计算单位，并作为矩形的宽度，矩形的长度（温度值）通过面积补偿确定。在图4.1补偿的面积中间选一点，这一点如能使一个计算单位内阴影面积与曲线外的空白面积相等，那么这一点的高度便可作为矩形的长度，然后与宽度相乘即得矩形的面积。将每一个矩形的面积相加，再乘以5即得$\sum F_{0\sim X}$(h·℃)。

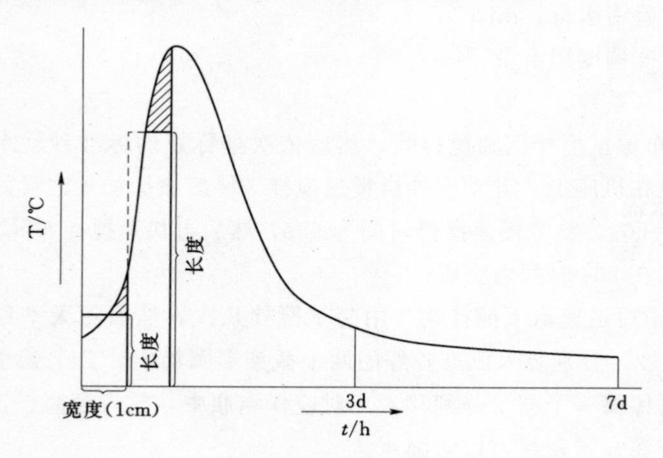

图4.1 近似矩形法

（4）用电子仪器自动记录和计算。

（5）其他方法。

2. 实验用水泥质量（G）的计算

实验用水泥质量（G）按式（4.4）计算，结果保留至1g：

$$G=\frac{800}{4+(P+5\%)} \tag{4.4}$$

式中 G——实验用水泥质量，g；

P——水泥净浆标准稠度,%；

800——实验用水泥胶砂总质量，g；

5%——加水系数。

3. 实验用水量（M_1）的计算

实验中用水量（M_1）按式（4.5）计算，结果保留至1mL：

$$M_1=G(P+5\%) \tag{4.5}$$

式中 M_1——实验中用水量，mL；

P——水泥净浆标准稠度,%。

4. 总热容量（C_P）的计算

根据水量及热量计的热容量 C，按式（4.6）计算总热容量 C_P，结果保留至0.1J/℃：

$$C_P=[0.84(800-M_1)]+4.1816M_1+C \tag{4.6}$$

式中 C_P——装入水泥胶砂后的热量计的总热容量，J/℃；

M_1——实验中用水量，mL；

C——热量计的热容量，J/℃。

5. 总热量（Q_X）的计算

在某个水化龄期时，水泥水化放出的总热量为热量计中蓄积和散失到环境中热量的总和 Q_X 按式（4.7）计算，结果保留至0.1J：

$$Q_X=C_P(t_X-t_0)+K\sum F_{0\sim X} \tag{4.7}$$

式中 Q_X——某个龄期时水泥水化放出的总热量，J；

C_P——装水泥胶砂后热量计的总热容量，J/℃；

t_X——龄期为 X 小时的水泥胶砂温度,℃；

t_0——水泥胶砂的初始温度,℃；

K——热量计的散热常数，J/(h·℃)；

$\sum F_{0\sim X}$——在0～X小时水槽温度恒温线与胶砂温度曲线间的面积，h·℃。

6. 水泥水化热（q_X）的计算

在水化龄期 X 小时水泥的水化热 q_X 按式（4.8）计算，结果保留至1J/g：

$$q_X=\frac{Q_X}{m} \tag{4.8}$$

式中 q_X——水泥某一龄期的水化热，J/g；

Q_X——水泥某一龄期放出的总热量，J；

m——实验用水泥质量，g。

7. 注意事项

每个水泥样品水化热实验用两套热量计平行实验，两次实验结果相差小于12J/g

时，取平均值作为此水泥样品的水化热结果；两次实验结果相差大于12J/g时，应重做实验。

4.1.7 思考题

（1）影响硅酸盐水泥水化热的因素有哪些?

（2）水泥水化热的高低对水泥的使用有何影响?

（3）根据水泥水化热高低的影响因素，从材料角度简述工程中可以采取哪些技术措施进行大体积混凝土的温控。

4.1.8 实验报告参考格式

实验六 水泥水化热实验

日期：____年____月____日　　实验室温度：________湿度：________

实验人：____________　成绩：____________　指导老师：____________

（一）实验目的

（二）主要仪器设备

（三）实验条件

（1）成型试验室温度应保持在（20±2)℃，相对湿度不低于50%。

（2）实验期间水槽内的水温应保持在（20±0.1)℃。

（四）原始数据记录及处理

1. 热量计热容量的计算

表1　　热量计热容量的计算

广口保温瓶的质量 g /g	软木塞的质量 g_1 /g	铜套管的质量 g_2 /g	截锥形圆筒的质量 g_3/g	截锥圆筒盖的质量 g_4/g	衬筒的质量 g_5/g	软木塞封蜡质量 g_6 /g	热量计的热容量 C /(J/℃)

注　热量计各部件除衬筒外应编号成套使用。热量计的热容量按下式计算，结果保留至0.01。

$$C=0.84\frac{g}{2}+1.88\frac{g_1}{2}+0.40g_2+1.78g_3+2.04g_4+1.02g_5+3.30g_6+1.92V$$

式中　V—温度计伸入热量计的体积，cm^3［1.92为玻璃的容积比热，$J/(cm^3 \cdot ℃)$］；

式中各系数分别为所用材料的比热容，单位为J/(g·℃)。

2. 热量计散热常数的测定

（1）热量计散热常数应测定两次，两次差值小于4.18J/(h·℃）时，取其平均值。

（2）热量计散热常数 K 小于167.00J/(h·℃）时允许使用。

（3）热量计散热常数每年应重新测定。

（4）已经标定好的热量计如更换任意部件应重新测定。

表 2　　热量计散热常数的测定

测定次数	热量计的热容量 C/(J/℃)	加水质量 W /g	试验开始 6h 后热量计的温度 T_1 /℃	试验开始 44h 后热量计的温度 T_2 /℃	散热常数 K /[J/(h・℃)]	
1						平均值：
2						

注　$K=(C+W\times4.1816)\dfrac{\lg(T_1-20)-\lg(T_2-20)}{0.434\Delta t}$

3. 水泥水化热的测定

实验室温度：＿＿＿＿＿℃，相对湿度：＿＿＿＿＿%。

试验期间水槽内的水温：＿＿＿＿＿℃。试验原始记录见下表 3。

表 3　　水泥水化热的测定

试　样　编　号	1	2
水泥质量 G/g		
用水量 M_1/g		
热量计的热容量 C/(J/℃)		
装水泥胶砂后热容量计的热容量 C_P/(J/℃)		
水泥胶砂初始温度 T_0/℃		
水泥胶砂在龄期 X(=168h) 时的温度 T_X/℃		
热量计的散热常数 K/[J/(h・℃)]		
0～T 小时水槽温度恒温线与胶砂温度曲线间的总面积 $\sum F_{0\sim x}$/(h・℃)		
水泥水化热 q_X/(J/g)		
水化热平均值/(J/g)		

注　水泥质量（G）按 $G=\dfrac{800}{4+(P+5\%)}$ 计算，用水量（M_1）按 $M_1=G\times(P+5\%)$ 计算。
$q_X=[C_P(t_x-t_0)+K\sum F_{0\sim X}]/G$，$C_P=[0.84(800-M_1)]+4.1816M_1+C$。

4.2 碱-骨料反应实验

混凝土的碱-骨料反应（alkali - aggregate reaction，AAR），是指水泥、外加剂等混凝土构筑物及环境中的碱与集料中的碱活性矿物在潮湿环境下缓慢发生并导致混凝土开裂破坏的膨胀反应。通常认为碱-骨料反应有两种，即碱-硅酸反应（ASR）和碱-碳酸盐反应（ACR）。

碱-硅酸反应（ASR）是指混凝土中的碱与骨料中的活性 SiO_2 发生化学反应，生成的碱-硅酸凝胶能够不断吸水而产生膨胀；碱-碳酸盐反应（ACR）是指集料中某些微晶或隐晶的碳酸盐岩石与碱在潮湿条件下发生化学反应，产生体积膨胀从而导致破坏。

4.2.1 实验目的、依据及适用范围

本实验用于检验混凝土试件在温度为38℃及潮湿条件养护下，混凝土中的碱与骨料反应所引起的膨胀是否具有潜在危害，实验依据《普通混凝土长期性能和耐久性能试验方法标准》（GB/T 50082—2009），适用于碱-硅酸反应和碱-碳酸盐反应。

4.2.2 仪器设备

1. 方孔筛

筛网的网孔边长分别为19mm、16mm、9.5mm、4.75mm的方孔筛各1只。

2. 称量设备

称量设备两台，最大量程分别为50kg和10kg，精度分别不超过50g和5g。

3. 试模

试模的内测尺寸为75mm×75mm×275mm，试模两个端板应预留安装测头的圆孔，孔的直径应与测头直径相匹配。

4. 测头

测头直径5～7mm，长度应为25mm。应采用不锈金属制成，每个试件两个端面的测头均应位于试模两端的中心部位。

5. 测长仪

测长仪的测量范围为275～300mm，精度为±0.001mm。

6. 养护盒

养护盒由耐腐蚀材料（如不锈钢薄板等）制成，不应漏水，且能密封。盒底部应装有深度（20±5)mm的水，盒内有试件架，且应能使试件垂直立在盒中。试件底部不应与水接触。1个养护盒可以同时容纳3个试件。

4.2.3 实验原材料和设计配合比

1. 水泥

应使用硅酸盐水泥，其含碱量为（0.9±0.1)%（以Na_2O+0.658K_2O计）。当所用水泥的含碱量低于此值时，可以外加浓度为10%的NaOH溶液，使水泥试样中含碱量达到1.25%。

将水泥碱含量从0.9%调整到1.25%的计算实例如下：

因单方混凝土水泥用量为420kg，则混凝土中的碱含量为420×0.9%=3.78kg；混凝土中需要达到的碱含量为420×1.25%=5.25kg；二者的差1.47kg即为应该加到拌和水中的碱含量（以当量计）。

将Na_2O转化为NaOH的因子计算：$Na_2O+H_2O=2NaOH$

分子量：61.98　2×39.997；

则转换因子为$\frac{2\times39.997}{61.98}$=1.291，需要增加的NaOH为1.47×1.291=1.898kg。

2. 骨料

当实验用来评价细骨料的活性，应采用非活性的粗骨料，粗骨料的非活性也应通过实验确定，实验用细骨料细度模数宜为（2.7±0.2）；当实验用来评价粗骨料的活性，应用非活性的细骨料，细骨料的非活性也应通过实验确定；当工程用的骨料为同一品种的材料，应用该粗、细骨料来评价活性。

实验用粗骨料由3种级配：16～20mm、10～16mm和5～10mm各取等量混合。

3. 设计配合比

每立方米混凝土水泥用量为（420±10）kg。水灰比W/C=0.42～0.45。粗骨料与细骨料的质量比为6∶4（即砂率为40%）。实验中除可外加NaOH溶液外（调整水泥的碱含量至1.25%），不得再使用其他的外加剂。

4.2.4 试件制备

（1）试件成型前24h将实验所用所有原材料放入（20±5）℃的成型室。

（2）称量和搅拌。按照配合比计算并称量好各种原材料，倒入混凝土搅拌机内，搅拌2～3min。每一组混凝土成型3个试件，尺寸为75mm×75mm×275mm。成型前，预先在试模两个端板的圆孔中安装固定不锈钢测头。

（3）成型。将搅拌均匀的混凝土拌合物从搅拌机内放出到拌和板上，人工翻拌1～2min，将混凝土一次装入试模（尺寸75mm×75mm×275mm）内。用捣棒和抹刀捣实，然后在混凝土振动台上振动30s或直至表面泛浆为止。

（4）养护。试件成型后带模一起送入（20±2）℃、相对湿度在95%以上的标准养护室中进行养护。在混凝土初凝前1～2h对试件沿模口进行抹平并编号。

4.2.5 试件养护与测量

（1）试件在标准养护室中养护（24±4）h后脱模，脱模时应特别小心，避免损伤测头，并应尽快测量试件的基准长度。待测试件用湿布盖好。

（2）试件的基准长度在（20±2）℃的恒温室中进行。测量时，每个试件至少重复测试两次，并取两次测值的算术平均值作为该试件的基准长度值。

（3）测量基准长度后，将试件放入养护盒中，并盖严盒盖。然后将养护盒放入（38±2）℃的养护箱里养护。

（4）试件的测量龄期从测定基准长度后算起，测量龄期为1周、2周、4周、8周、13周、18周、26周、39周和52周，以后每半年测1次。每次测量的前1天，将养护盒从（38±2）℃的养护箱中取出，并放入（20±2）℃的恒温室中，恒温时间为

(24±4)h。试件各龄期的测量应与测量基准长度的方法相同，测量完毕后，将试件调头放入养护盒中，并盖严盒盖。然后将养护盒重新放回（38±2)℃的养护箱中继续养护至下一测试龄期。

(5) 每次测量时，观察试件有无裂缝、变形、渗出物及反应产物等，并做详细记录。必要时可在长度测试周期全部结束后，辅以岩相分析等手段，综合判断试件内部结构和可能的反应产物。

当实验出现以下两种情况之一时，可结束实验：

1）在52周的测试龄期内，试件的膨胀率超过0.04%。

2）试件膨胀率虽小于0.04%，但实验周期已经达到52周或1年。

4.2.6 实验结果计算与处理

(1) 试件的膨胀率按式（4.9）计算：

$$\varepsilon_t = \frac{L_t - L_0}{L_0 - 2\Delta} \times 100\% \tag{4.9}$$

式中 ε_t——试件在 t(d) 龄期的膨胀率（%），精确至0.001；

L_t——试件在 t(d) 龄期的长度，mm；

L_0——试件的基准长度，mm；

Δ——测头的长度，mm。

(2) 以3个试件测值的算术平均值作为该组混凝土在某一龄期膨胀率的测定值。

(3) 实验精度要求。当每组试样平均膨胀率小于0.020%时，同一组试件中单个试件之间的膨胀率极差值（最高值与最低值之差）不应超过0.008%；当每组平均膨胀率大于0.020%时，同一组试件中单个试件的膨胀率的极差值（最高值与最低值之差）不应超过平均值的40%。

4.2.7 思考题

(1) 混凝土中发生碱-骨料反应的条件有哪些？

(2) 试根据发生碱-骨料反应的条件简述预防碱-骨料反应的技术措施。

4.2.8 实验报告参考格式

实验七 混凝土碱-骨料反应

日期：____年____月____日　　　　实验室温度：________湿度：________

实验人：____________　成绩：____________　　指导老师：____________

(一) 实验目的

(二) 主要仪器设备

(三) 原始数据记录及处理

1. 原材料性能及混凝土配合比

(1) 水泥品种及强度等级：________________，水泥碱含量：________________[宜使用硅酸盐水泥，其含碱量为(0.9±0.1)%；当含碱量低于此值时，可通过外加浓度为10%的NaOH溶液，使水泥含碱量达到1.25%]。

(2) 细骨料细度模数为：________________。

(3) 粗骨料由3种级配：16～20mm、10～16mm和5～10mm各取等量混合，粗骨料与细骨料的质量比为6∶4(即砂率为40%)。

(4) 混凝土配合比见下表。

混 凝 土 配 合 比

组号	水/(kg/m^3)	水泥/(kg/m^3)	砂/(kg/m^3)	石子/(kg/m^3)			外加的NaOH/(kg/m^3)
				16～20mm	10～16mm	5～10mm	
1							
2							
⋮							

2. 试件养护与测量

每组混凝土成型3个试件，试件尺寸为75mm×75mm×275mm。

养护室温度：________________℃，相对湿度：________________%。

恒温室温度：________________℃。

养护箱温度：________________℃。

试验原始记录见下表。

第n组混凝土各试样的膨胀率

龄期/周	$n-1$ 基准长度L_0=____mm		$n-2$ 基准长度L_0=____mm		$n-3$ 基准长度L_0=____mm		该组试样膨胀率测定值/%
	试样在龄期t的长度L_t/mm	试件在龄期t的膨胀率ε_t/%	试样在龄期t的长度L_t/mm	试件在龄期t的膨胀率ε_t/%	试样在龄期t的长度L_t/mm	试件在龄期t的膨胀率ε_t/%	
1							
2							
4							
8							
13							
18							

续表

龄期/周	$n-1$ 基准长度 L_0=____mm		$n-2$ 基准长度 L_0=____mm		$n-3$ 基准长度 L_0=____mm		该组试样膨胀率测定值/%
	试样在龄期 t 的长度 L_t /mm	试件在龄期 t 的膨胀率 ε_t /%	试样在龄期 t 的长度 L_t /mm	试件在龄期 t 的膨胀率 ε_t /%	试样在龄期 t 的长度 L_t /mm	试件在龄期 t 的膨胀率 ε_t /%	
26							
39							
52							

注 1. 每次测量时，观察试件有无裂缝、变形、渗出物及反应产物等，并作详细记录。必要时可在长度测试周期全部结束后，辅以岩相分析等手段，综合判断试件内部结构和可能的反应产物。

2. 膨胀率 $\varepsilon_t=\dfrac{L_t-L_0}{L_0-2\Delta}$。

3. 以3个试件测值的算术平均值作为该组混凝土在某一龄期膨胀率的测定值。

4. 出现以下两种情况之一时，可结束试验：

(1) 在52周的测试龄期内，试件的膨胀率超过0.04%；

(2) 试件膨胀率虽小于0.04%，但试验周期已经达到52周或1年。

(四) 结果判定与分析

根据以上实验结果，判定所用骨料（粗骨料或细骨料）的碱活性。

4.3 混凝土外加剂性能实验

4.3.1 概述

混凝土外加剂是在拌制混凝土过程中掺入的、用以改善混凝土性能的物质，其掺量一般不大于水泥质量的5%（特殊情况除外）。

1. 混凝土外加剂的分类

混凝土外加剂按其主要功能可分为下列4类：

(1) 改善混凝土拌合物流变性能的外加剂。包括各种减水剂、引气剂、泵送剂、保水剂、灌浆剂等。

(2) 调节混凝土凝结时间、硬化性能的外加剂。如缓凝剂、早强剂、速凝剂等。

(3) 改善混凝土耐久性的外加剂。如引气剂、阻锈剂和防水剂等。

(4) 改善混凝土其他性能的外加剂。如加气剂、膨胀剂、防冻剂、着色剂、防水剂等。

2. 常用的混凝土外加剂

建筑工程上常用的外加剂有：减水剂、引气剂、早强剂、缓凝剂和复合型外加剂。

(1) 减水剂。减水剂是在保持混凝土坍落度基本相同的条件下，能减少拌和用水量的外加剂。减水剂对新拌混凝土的作用机理主要是吸附-分散作用、润滑作用、湿润作用。掺加很少量的减水剂就能使新拌混凝土的工作性得到显著的改善，并赋予硬化混凝土一系列优点。

使用减水剂对混凝土主要有下列3方面的效果：

1）在配合比不变的条件下，可增大混凝土拌合物的流动性，且不致降低混凝土的强度。

2）在保持流动性及水灰比不变的条件下，可以减少用水量与水泥用量，因而节约水泥。

3）在保持流动性及水泥用量不变的条件下，可以减少用水量，从而降低水灰比，使混凝土的强度与耐久性得到提高。

（2）引气剂。引气剂是在搅拌混凝土过程中能够引入大量均匀分布稳定而封闭的微小气泡的外加剂。引气剂可改善混凝土拌合物的工作性、减小泌水和离析，提高混凝土的抗冻性、抗渗性和抗蚀性，但会在一定程度上降低混凝土的强度和弹性模量。

（3）早强剂。早强剂是能够加快混凝土早期强度发展的外加剂。早强剂对水泥中的硅酸三钙和硅酸二钙等矿物的水化有催化作用，能加速水泥的水化和硬化，具有早强的作用。

（4）缓凝剂。缓凝剂是指能延缓混凝土的凝结，对混凝土的后期物理力学性能无不利影响的外加剂。

各种混凝土外加剂的应用改善了新拌混凝土和硬化混凝土的性能，推动了混凝土新技术的发展，促进了工业副产品在胶凝材料系统中更多的应用，还有助于节约资源和环境保护，已经逐步成为优质混凝土必不可少的材料。近年来，国家基础建设保持高速增长，铁路、公路、机场、煤矿、市政工程、核电站、大坝等工程对混凝土外加剂的需求一直很旺盛，我国的混凝土外加剂行业也一直处于高速发展阶段。

本实验介绍了掺外加剂混凝土的性能实验方法。

4.3.2　实验原材料及混凝土配合比

1. 原材料

（1）水泥。采用规定的基准水泥。

基准水泥是检验混凝土外加剂性能的专用水泥，是由符合下列品质指标的硅酸盐水泥熟料与二水石膏共同粉磨而成的42.5强度等级的P.I型硅酸盐水泥。其品质指标除满足42.5级硅酸盐水泥技术要求外，还应符合以下要求：铝酸三钙（C_3A）含量6%～8%；硅酸三钙（C_3S）含量55%～60%；游离氧化钙（f－CaO）含量不得超过1.2%；碱（Na_2O＋0.658K_2O）含量不得超过1.0%；水泥比表面积（350±10)m^2/kg。

基准水泥必须由经中国建材联合会混凝土外加剂分会与有关单位共同确认具备生产条件的工厂供给。在因故得不到基准水泥时，允许采用C_3A含量6%～8%，总碱量（Na_2O+0.658K_2O）不大于1.0%的熟料和二水石膏、矿渣共同磨制的强度等级大于（含）42.5级的普通硅酸盐水泥。但是，混凝土外加剂性能检验的仲裁试验仍需用基准水泥。

（2）砂。符合GB/T 14684中Ⅱ区要求的中砂，细度模数为2.6～2.9，含泥量小于1%。

（3）石子。符合GB/T 14685要求的公称粒径为5～20mm的碎石或卵石，采用二级配，其中5～10mm占40%，10～20mm占60%，满足连续级配要求，针片状物质含量小于10%，空隙率小于47%，含泥量小于0.5%。如有争议，以卵石实验结果为准。

（4）水。符合JGJ 63混凝土拌和用水的技术要求。

（5）外加剂。待检的外加剂。

2. 混凝土配合比

基准混凝土配合比按JGJ 55进行设计。掺非引气型外加剂的混凝土与其对应的基准混凝土的水泥、砂、石的比例相同。配合比设计应符合以下规定：

（1）水泥用量。掺高性能减水剂或泵送剂的基准混凝土和受检混凝土的单位水泥用量为360kg/m^3；掺其他外加剂的基准混凝土和受检混凝土单位水泥用量为330kg/m^3。

（2）砂率。掺高性能减水剂或泵送剂的基准混凝土和受检混凝土的砂率均为43%～47%；掺其他外加剂的基准混凝土和受检混凝土的砂率为36%～40%；但掺引气减水剂和引气剂的混凝土砂率应比基准混凝土低1%～3%。

（3）外加剂掺量。按生产厂家指定掺量。

（4）用水量。掺高性能减水剂或泵送剂的基准混凝土和受检混凝土的坍落度控制在（210±10)mm，用水量为坍落度在（210±10)mm时的最小用水量；掺其他外加剂的基准混凝土和受检混凝土的坍落度控制在（80±10)mm。

用水量包括液体外加剂、砂、石材料中所含的水量。

4.3.3 混凝土搅拌

采用60L的单卧轴式强制搅拌机。实验时，单次拌和量不小于20L，但不宜大于45L。

外加剂为粉状时，将水泥、砂、石、外加剂一次投入搅拌机，干拌均匀，再加入拌和水，一起搅拌2min。外加剂为液体时，将水泥、砂、石一次投入搅拌机，再加入掺有外加剂的拌和水一起搅拌2min。

出料后，在铁板上将拌合物人工翻拌至均匀再进行实验。各种混凝土材料及实验环境温度均应保持在（20±3)℃。

试件制作及养护按GBJ 80进行，实验所需试件数量按实验要求确定。

4.3.4 掺外加剂的混凝土的性能实验

本实验的测试依据为GB 8076—2008。

1. 混凝土拌合物的性能

(1) 坍落度和坍落度1h经时变化量测定。每批混凝土取1个试样。坍落度和坍落度1h经时变化量均以3次实验结果的平均值作为测定结果。若3次实验的最大值和最小值与中间值之差有1个超过10mm时，将最大值和最小值一并舍去，取中间值作为该批的实验结果；最大值和最小值与中间值之差均超过10mm，则应重做。

坍落度及坍落度1h经时变化量测定值以mm表示，结果表达修约到5mm。

1) 坍落度测定。混凝土坍落度按照GB/T 50080测定；但坍落度为(210±10)mm的混凝土，分两层装料，每层装入高度为筒高的一半，每层用插捣棒插捣15次。

2) 坍落度1h经时变化量测定。测定此项时，将按照4.3.3搅拌的混凝土留下足够1次混凝土坍落度的实验数量，并装入用湿布擦过的试样筒内，容器加盖，静置1h(从加水搅拌时开始计时)，然后倒出，在铁板上用铁锹翻拌至均匀后，再按照坍落度测定方法测定坍落度。计算出机时和1h之后的坍落度之差值，即得到坍落度的经时变化量。

坍落度1h经时变化量按式(4.10)计算：

$$\Delta Sl = Sl_0 - Sl_{1h} \tag{4.10}$$

式中 ΔSl——坍落度1h经时变化量，mm；

Sl_0——出机时测得的坍落度，mm；

Sl_{1h}——1h后测得的坍落度，mm。

(2) 减水率测定。减水率为坍落度基本相同时基准混凝土和掺外加剂混凝土单位用水量之差与基准混凝土单位用水量之比。坍落度按GB/T 50080测定。减水率按式(4.11)计算，应精确到0.1%：

$$W_R = \frac{W_0 - W_1}{W_0} \times 100\% \tag{4.11}$$

式中 W_R——减水率，%；

W_0——基准混凝土单位用水量，kg/m^3；

W_1——掺外加剂的混凝土(即受检混凝土)的单位用水量，kg/m^3。

W_R以3批实验的算术平均值计，精确到1%。若3批实验的最大值或最小值中有1个与中间值之差超过中间值的15%时，则把最大值与最小值一并舍去，取中间值作为该组实验的减水率。若两个测值与中间值之差均超过15%时，则该批实验结果无效，应该重做。

(3) 泌水率比测定。泌水率比按式(4.12)计算，精确到1%。

$$R_B = \frac{B_1}{B_0} \times 100\% \tag{4.12}$$

式中 R_B——泌水率比,%;

B_1——掺外加剂混凝土(即受检混凝土)的泌水率,%;

B_0——基准混凝土泌水率,%。

泌水率的测定和计算方法如下:

先用湿布润湿容积为5L的带盖筒(内径为185mm,高200mm),将混凝土拌合物一次性装入,在振动台上振动20s,然后用抹刀轻轻抹平,加盖以防止水分蒸发。试样表面应比筒口边低约20mm。自抹面开始计算时间,在前60min内每隔10min用吸液管吸出泌水1次,以后每隔20min吸水1次,直至连续3次无泌水为止。每次吸水前5min,应将筒底一侧垫高约20mm,使筒倾斜,以便于吸水。吸水后,将筒轻轻放平盖好。将每次吸出的水都注入带塞的量筒,最后计算出总的泌水量,精确至1g,按式(4.13)、式(4.14)计算泌水率:

$$B=\frac{V_W}{(W/G)G_W}\times 100\% \tag{4.13}$$

$$G_W=G_1-G_0 \tag{4.14}$$

式中 B——泌水率,%;

V_W——泌水总质量,g;

W——混凝土拌合物的用水量,g;

G——混凝土拌合物的总质量,g;

G_W——试样质量,g;

G_1——筒及试样质量,g;

G_0——筒质量,g。

实验时,从每批混凝土拌合物中取1个试样,泌水率取3个试样的算术平均值,精确至0.1%。若3个试样的最大值或最小值中有1个与中间值之差大于中间的15%,则把最大值与最小值一并舍去,取中间值作为该组试验的泌水率;如果最大与最小值与中间值之差均大于中间值的15%时,则应重做实验。

(4)含气量和含气量1h经时变化量测定。

1)含气量的测定。按GB/T 50080用气水混合式含气量测定仪,并按仪器说明进行操作。混凝土拌合物应一次装满并稍高于容器,用振动台振实15~20s。

2)含气量1h经时变化量测定。测定此项时,将按照上文4.3.3混凝土搅拌所述方法搅拌的混凝土留下足够一次含气量测定实验的数量,并装入用湿布擦过的试样筒内,筒口加盖,静置1h(从加水搅拌时开始计时),然后倒出,在铁板上用铁锹翻拌均匀后,再按照含气量测定方法测定含气量。

计算出机时和1h之后的拌合物含气量之差值,即得到含气量的经时变化量。含气量1h经时变化量按式(4.15)计算:

$$\Delta A=A_0-A_{1h} \tag{4.15}$$

式中 ΔA——含气量1h经时变化量,%；

A_0——出机后测得的含气量,%；

A_{1h}——1h后测得的含气量,%。

含气量和1h经时变化量测定值精确到0.1%。

实验时，从每批拌合物取1个试样测量，含气量以3个试样测值的算术平均值来表示。若3个试样中的最大值或最小值中有1个与中间值之差超过0.5%时，将最大值与最小值一并舍去，取中间值作为该批的实验结果；如果最大值与最小值均超过0.5%，则应重做。

(5) 凝结时间差的测定。凝结时间差的测定实验中，应测量掺外加剂混凝土（即受检混凝土）的凝结时间和基准混凝土的凝结时间。

凝结时间采用贯入阻力仪测定，仪器精度为10N，凝结时间测定方法如下：

1) 将混凝土拌合物用5mm（圆孔筛）振动筛筛出砂浆，拌匀后装入上口内径为160mm，下口内径为150mm，净高150mm的刚性不渗水的金属圆筒，试样表面应略低于筒口约10mm，用振动台振实（约3～5s），置于(20±2)℃的环境中，容器加盖。

一般基准混凝土在成型后3～4h，掺早强剂的混凝土在成型后1～2h，掺缓凝剂的混凝土在成型后4～6h开始测定。以后每0.5h或1h测定一次，但在临近初、终凝时，可以缩短测定间隔时间。每次测点应避开前一次测孔，其净距为试针直径的2倍，但至少不小于15mm，试针与容器边缘的距离不小于25mm。测定初凝时间用截面积为100mm^{2}的试针，测定终凝时间用20mm^{2}的试针。

2) 测试时，将砂浆试样筒置于贯入阻力仪上，测针端部与砂浆表面接触，然后在(10±2)s内均匀地使测针贯入砂浆(25±2)mm深度。记录贯入阻力，精确至10N，记录测量时间，精确至1min。贯入阻力按式(4.16)计算，精确到0.1MPa：

$$R=\frac{P}{A} \tag{4.16}$$

式中 R——贯入阻力值，MPa；

P——贯入深度达25mm时所需的净压力，N；

A——贯入阻力仪试针的截面积，mm^2。

3) 根据计算结果，以贯入阻力值为纵坐标，以经过的时间为横坐标（精确至1min)，绘制贯入阻力值与时间关系曲线，求出贯入阻力值达3.5MPa时，对应的时间作为初凝时间；贯入阻力值达28MPa时对应的时间作为终凝时间。

从水泥与水接触时开始计算凝结时间。凝结时间以min表示，并修约到5min。

4) 凝结时间差按式(4.17)计算：

$$\Delta T=T_1-T_0 \tag{4.17}$$

式中 ΔT——凝结时间之差，min；

T_1——掺外加剂混凝土的初凝或终凝时间，min；

T_0——基准混凝土的初凝或终凝时间，min。

实验时，每批混凝土拌合物取1个试样，凝结时间取3个试样的平均值。若3批试验的最大值或最小值之中有1个与中间值之差超过30min，则把最大值与最小值一并舍去，取中间值作为该组实验的凝结时间。若两测值与中间值之差均超过30min，则此次实验无效，应重做。

2. 硬化混凝土性能实验

(1) 抗压强度比。抗压强度比以掺外加剂混凝土（即受检混凝土）与基准混凝土同龄期抗压强度之比表示，按式（4.18）计算，精确到1%：

$$R_f=\frac{f_t}{f_c}\times 100\% \tag{4.18}$$

式中 R_f——抗压强度比，%；

f_t——受检混凝土的抗压强度，MPa；

f_c——基准混凝土的抗压强度，MPa。

受检混凝土与基准混凝土的抗压强度按GB/T 50081进行实验和计算。试件制作时，用振动台振动15～20s。试件的养护温度为（20±3）℃。实验结果以3批实验测值的平均值表示。若3批实验中有一批的最大值或最小值与中间值的差值超过中间值的15%，则把最大及最小值一并舍去，取中间值作为该批的实验结果；如果有两批测值与中间值的差均超过中间值的15%，则实验结果无效，应该重做。

(2) 收缩率比。收缩率比以28d龄期时受检混凝土（即掺外加剂的混凝土）与基准混凝土的收缩率的比值表示，按式（4.19）计算：

$$R_\varepsilon=\frac{\varepsilon_t}{\varepsilon_c}\times 100\% \tag{4.19}$$

式中 R_ε——收缩率比，%；

ε_t——受检混凝土的收缩率，%；

ε_c——基准混凝土的收缩率，%。

掺外加剂的混凝土（即受检混凝土）及基准混凝土的收缩率按GBJ 82测定和计算。试件用振动台成型，振动15～20s。每批混凝土拌合物取1个试样，以3个试样收缩率的算术平均值表示，计算精确至1%。

4.3.5 思考题

(1) 根据使用条件的不同，混凝土中掺入减水剂后可以取得哪些效果？这些效果能够同时取得吗？

(2) 混凝土中掺用粉煤灰时，常与减水剂或引气剂同时掺用，称为双掺技术。试分析其原因。

4.3.6 实验报告参考格式

实验八 混凝土外加剂性能实验

日期：____年____月____日 实验室温度：________湿度：________

实验人：____________ 成绩：____________ 指导老师：____________

（一）实验目的

（二）主要仪器设备

（三）原始数据记录及处理

1. 原材料性能及混凝土配合比

（1）水泥品种及强度等级：________________；

（2）细骨料细度模数：________________；

（3）粗骨料为________________ mm 连续级配________________（碎石或卵石）；

（4）混凝土配合比见下表。

混 凝 土 配 合 比

组别	水 /(kg/m^3)	水泥 /(kg/m^3)	砂 /(kg/m^3)	石 /(kg/m^3)	外加剂 /(kg/m^3)
0					
1					

注 0 组为基准混凝土（即未掺外加剂的混凝土）。
1 组为受检混凝土（即掺外加剂的混凝土）。

2. 混凝土拌合物的性能

（1）坍落度 Sl_0 和坍落度 1h 经时变化量 ΔSl。

坍落度 Sl_0 和坍落度 1h 经时变化量实验原始记录

组别	初始坍落度 Sl_0/mm				1h 后坍落度 Sl_{1h}/mm				ΔSl $\Delta Sl=Sl_0-Sl_{1h}$ /mm
	第 1 次	第 2 次	第 3 次	平均值	第 1 次	第 2 次	第 3 次	平均值	
0									
1									

注 1. 初始坍落度和 1h 后坍落度均以 3 次实验结果的平均值作为测定结果。
2. 3 次实验的最大值和最小值与中间值之差有 1 个超过 10mm 时，将最大值和最小值一并舍去，取中间值作为该批的实验结果；最大值和最小值与中间值之差均超过 10mm，则应重做。

（2）减水率 W_R。

基准混凝土的坍落度为__________ mm；

受检混凝土（即掺外加剂的混凝土）的坍落度为__________ mm。

坍落度相同时基准混凝土和掺外加剂混凝土单位用水量

试验批次	基准混凝土单位用水量 W_0/(kg/m³)	受检混凝土单位用水量 W_1/(kg/m³)	减水率 $W_R=\frac{W_0-W_1}{W_0}$/%	减水率 W_R 的测定结果/%
第1批				
第2批				
第3批				

注 1. W_R 以3批试验的算术平均值计，精确到1%。
2. 若3批试验的最大值或最小值中有1个与中间值之差超过中间值的15%时，则把最大值与最小值一并舍去，取中间值作为该组试验的减水率；若两个测值与中间值之差均超过15%时，则该批试验结果无效，应该重做。

(3) 泌水率比 R_B。

泌水率比实验原始记录

测试项目 \ 试样	基准混凝土			受检混凝土		
	第1批	第2批	第3批	第1批	第2批	第3批
混凝土拌合物的用水量 W/g						
混凝土拌合物的总质量 G/g						
筒质量 G_0/g						
筒及试样质量 G_1/g						
试样质量 G_W/g						
泌水总质量 V_W/g						
泌水率 B/%						
平均泌水率/%	泌水率 B_0=______			泌水率 B_1=______		
泌水率比 R_B/%	$R_B=\frac{B_1}{B_0}\times100\%$=______					

注 1. 每批混凝土拌合物取1个试样，泌水率取3个试样的算术平均值，精确至0.1%。
2. 若3个试样的最大值或最小值中有1个与中间值之差大于中间的15%，则把最大值与最小值一并舍去，取中间值作为该组实验的泌水率；如果最大与最小值与中间值之差均大于中间值的15%时，则应重做。

(4) 含气量和含气量1h经时变化量测定。

每1m³混凝土拌合物中粗、细骨料质量分别为 G=______，S=______。

含气量测定仪容器的容积 V=______L。

则每个拌合物试样中粗、细骨料的质量 m_G、m_S 分别为

$$m_G=\frac{V}{1000}\times G=\_\_\_\_\_\_\text{kg},\quad m_S=\frac{V}{1000}\times S=\_\_\_\_\_\_\text{kg}。$$

第1批试样实验原始记录见下表。

掺外加剂混凝土的含气量及其1h经时变化量实验原始记录（即第1批试样）

测量项目	骨料含气量			拌合物的初始总含气量			拌合物1h总含气量			拌合物初始含气量A_0	拌合物1h后含气量A_{1h}
	第1次 P_{g1}	第2次 P_{g2}	平均值 P_g	第1次 P_{01}	第2次 P_{02}	平均值 P_0	第1次 P_{1h01}	第2次 P_{1h02}	平均值 P_{1h0}		
压力表读数P_i/MPa										$A_0=A_{0总}-A_g$ =____	$A_{1h}=A_{1h总}-A_g$ =____
含气量/%	A_g=____			$A_{0总}$=____			$A_{1h总}$=____				

注 各项目（即P_i）测量中，若两次测量的相对误差小于0.2%，则取两次测定值的算术平均值作为压力表读数值，并按压力与含气量关系曲线查得对应的含气量结果（精确到0.1%）；若不满足，则应进行第3次测量，当第3次测得的压力值与前两次测定值中较接近者的相对误差不大于0.2%时，则取此2值的算术平均值，并据此查得含气量；若仍大于0.2%，则此次试验无效，应重做。

第2批试样实验原始记录见下表。

掺外加剂混凝土的含气量及其1h经时变化量实验原始记录（即第2批试样）

测量项目	骨料含气量			拌合物的初始总含气量			拌合物1h总含气量			拌合物初始含气量A_0	拌合物1h后含气量A_{1h}
	第1次 P_{g1}	第2次 P_{g2}	平均值 P_g	第1次 P_{01}	第2次 P_{02}	平均值 P_0	第1次 P_{1h01}	第2次 P_{1h02}	平均值 P_{1h0}		
压力表读数P_i/MPa										$A_0=A_{0总}-A_g$ =____	$A_{1h}=A_{1h总}-A_g$ =____
含气量/%	A_g=____			$A_{0总}$=____			$A_{1h总}$=____				

第3批试样实验原始记录见下表。

掺外加剂混凝土的含气量及其1h经时变化量实验原始记录（即第3批试样）

测量项目	骨料含气量			拌合物的初始总含气量			拌合物1h总含气量			拌合物初始含气量A_0	拌合物1h后含气量A_{1h}
	第1次 P_{g1}	第2次 P_{g2}	平均值 P_g	第1次 P_{01}	第2次 P_{02}	平均值 P_0	第1次 P_{1h01}	第2次 P_{1h02}	平均值 P_{1h0}		
压力表读数P_i/MPa										$A_0=A_{0总}-A_g$ =____	$A_{1h}=A_{1h总}-A_g$ =____
含气量/%	A_g=____			$A_{0总}$=____			$A_{1h总}$=____				

实验结果见下表。

掺外加剂混凝土的含气量及其1h经时变化量实验结果

测 试 项 目	实 验 结 果			
	第1批试样	第2批试样	第3批试样	平均值
拌合物初始含气量 A_0				
拌合物1h后含气量 A_{1h}				
含气量1h经时变化量	$\Delta A = A_0 - A_{1h} =$ ________			

注 含气量（A_0、A_{1h}）分别以3批试样测值的算术平均值来表示。若3个试样中的最大值或最小值中有1个与中间值之差超过0.5%时，将最大值与最小值一并舍去，取中间值作为该批的实验结果；如果最大值与最小值均超过0.5%，则应重做。

(5) 凝结时间差的测定。

实验室温度：__________，湿度：__________。

混凝土凝结时间差实验的原始记录

基准混凝土	时间/min								
	贯入压力 P/N								
	测针面积 A/mm^2								
	贯入阻力 R/MPa								
受检混凝土	时间/min								
	贯入压力 P/N								
	测针面积 A/mm^2								
	贯入阻力 R/MPa								

注 1. 由上表绘制贯入阻力值（纵坐标）与时间（横坐标）关系曲线。
2. 根据曲线求出贯入阻力值达3.5MPa时对应的时间作为初凝时间；贯入阻力值达28MPa时对应的时间作为终凝时间。凝结时间以h：min表示，并修约到5min。

由上表结果中绘制贯入阻力值R（纵坐标）与时间t（横坐标）关系曲线，如图1所示。

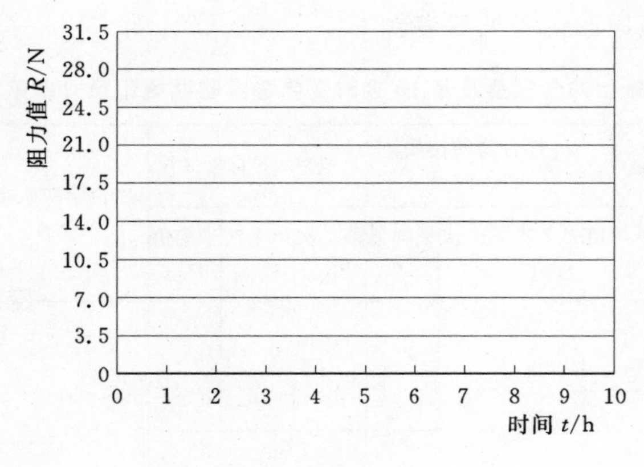

图1

混凝土凝结时间差的测定结果见下表所示。

混凝土凝结时间差实验的结果

	初凝时间/min				终凝时间/min			
	第1批	第2批	第3批	平均值	第1批	第2批	第3批	平均值
基准混凝土								
受检混凝土								
凝结时间差	$\Delta T_{初凝}=T_{1初凝}-T_{0初凝}=$______				$\Delta T_{终凝}=T_{1终凝}-T_{0终凝}=$______			

注 1. 每批混凝土拌合物取1个试样，凝结时间取3个试样的平均值。
2. 若3批试验的最大值或最小值之中有1个与中间值之差超过30min，则把最大值与最小值一并舍去，取中间值作为该组试验的凝结时间。若两测值与中间值之差均超过30min，则此次试验无效，应重做。

3. 硬化混凝土的性能

(1) 抗压强度比。

实验室温度：__________，湿度：__________。

混凝土抗压强度比实验的原始记录

试样 / 龄期	基准混凝土抗压强度/MPa				受检混凝土抗压强度/MPa				抗压强度比 $R_f=\frac{f_t}{f_c}\times100\%$
	第1批	第2批	第3批	平均值	第1批	第2批	第3批	平均值	
3d									
7d									
28d									

注 1. 受检混凝土与基准混凝土的抗压强度按GB/T 50081进行试验和计算。
2. 试验结果以3批试验测值的平均值表示，若3批试验中有1批的最大值或最小值与中间值的差值超过中间值的15%，则把最大及最小值一并舍去，取中间值作为该批的试验结果，如有两批测值与小间值的差均超过中间值的15%，则试验结果无效，应该重做。

(2) 收缩率比。

实验室温度：__________，湿度：__________。

混凝土收缩率比实验记录及结果

试样 / 龄期	基准混凝土收缩率（mm/m）				受检混凝土收缩率（mm/m）				收缩率比 $R_\varepsilon=\frac{\varepsilon_t}{\varepsilon_c}\times100\%$
	第1批	第2批	第3批	平均值	第1批	第2批	第3批	平均值	
28d									

注 1. 掺外加剂混凝土（受检混凝土）及基准混凝土的收缩率按GBJ 82测定和计算。
2. 试件用振动台成型，振动15～20s。
3. 每批混凝土拌合物取一个试样，以三个试样收缩率的算术平均值表示，计算精确至1%。

4.4 混凝土绝热温升实验

4.4.1 实验目的及依据

本实验用于在绝热条件下测定混凝土在水化过程中的温度变化及最高温升值，实验依据《水工混凝土试验规程》(DL/T 5150—2001)、《水工混凝土试验规程》(SL 352—2006)。

4.4.2 仪器设备

1. 绝热温升测定仪

仪器的绝热室要求达到绝热实验条件，即胶凝材料水化所产生的热量与外界不发生热交换。仪器由绝热养护箱和控制记录仪两部分组成，工作原理见图4.2。绝热室温度跟踪试样中心温度，相差不大于±0.1℃。实验温度5～80℃，温度读数精度0.1℃。凡满足上述技术条件的绝热温升测定仪皆可用于混凝土的绝热温升实验。

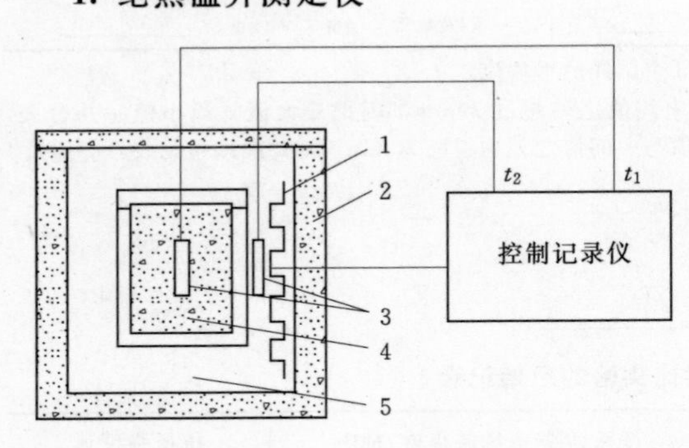

图4.2 绝热温升测定仪工作原理图
1—加热器；2—保温隔热层；3—测温元件；4—混凝土试件；5—控温层

本书以JRWS-6A型混凝土热物理性能综合测试系统为例介绍混凝土绝热温升仪实验。

2. 容器

容器用钢板制成，顶盖具有橡胶密封圈。容器尺寸大于最大骨料粒径的3倍。

3. 恒温室

恒温室内温度(20±2)℃。

4. 其他

混凝土搅拌机：容量60L。

拌和钢板：厚5mm左右，平面尺寸不小于1500mm×2000mm。

磅秤：称量50kg、感量50g。

台秤：称量10kg、感量5g。

天平：称量1000g、感量0.5g。

盛料容器、铁铲，以及捣棒、放测温探头的紫铜测温管或玻璃管等。管的尺寸要求内径稍大于测温探头的直径，长度为试件高的1/2。

4.4.3 实验步骤

(1) 实验前应根据仪器使用说明书检查JRWS-6A型混凝土热物理性能综合测试系统工作是否正常，温度跟踪精度是否满足±0.1℃要求。在容器内盛入比室温高25～30℃的水，至离上口20mm处。按正常实验规定将容器放入绝热室内，然后开始实验。如仪器工作正常，72h或更长时间水温应保持恒定(在跟踪精度±0.1℃以内)，如果水温不能保持恒定（超出跟踪精度±0.1℃)，则应按仪器使用说明书规定，对仪器进行调整。重复上述实验步骤，直至满足要求。

(2) 实验前24h应将混凝土拌合用料放在（20±5)℃的室内，使其温度与室温一致。如对拌合物浇筑温度有专门要求时，则按要求控制拌合物的温度。

(3) 按机械拌和方法拌制混凝土拌合物。拌和前将搅拌机冲洗干净，并预拌少量同种混凝土拌合物或水胶比相同的砂浆，使搅拌机内壁挂浆后将剩余料卸出。然后再将称好的石子、砂、胶凝材料、水（外加剂一般先溶于水）依次加入搅拌机，开动搅拌机搅拌2～3min。将拌好的混凝土拌和物卸在钢板上，刮出黏结在搅拌机上的拌合物，人工翻拌2～3次，使之均匀。量测拌合物温度，然后分两层装入容器中，采用捣棒、抹刀等插捣密实。在容器中心埋入一根紫铜测温管或玻璃管，然后盖上容器上盖，全部密封。测温管中盛入少许变压器油。

(4) 试样容器送入绝热室内，依照该JRWS-6A型混凝土热物理参数测试系统使用说明书规定的方法，将温度传感器装入测温管中。

(5) 开始实验，控制绝热室温度与试样中心温度相差不大于±0.1℃。每0.5h记录1次试样中心温度，历时24h后每1h记录1次，7d后可3～6h记录1次。实验历时28d（或根据需要确定实验的天数）结束。

(6) 试件从拌和、成型到开始测读温度，一般应在30min内完成。

4.4.4 实验结果处理

实验结果处理应按以下规定执行。

(1) 绝热温升值按式（4.20）计算：

$$\theta_n=\frac{C_k+C_m}{C_k}(\theta_n'-\theta_0) \tag{4.20}$$

式中 θ_n——n天龄期混凝土绝热温升值,℃；

θ_n'——n天龄期记录的温升值,℃；

θ_0——混凝土拌合物的初始温度值,℃；

C_k——混凝土试件的质量与混凝土平均比热的乘积，kJ/℃；

C_m——绝热量热器的总热容量，由厂家提供。可按$C_m=\sum G_iC_i$进行计算，G_i为各附件（容器、测温管、测温元件和变压器油）质量，kg，C_i为各附件材料的比热，kJ/℃。

(2) 以时间为横坐标，温升为纵坐标绘制混凝土温升过程曲线。根据曲线即可查得各不同龄期时混凝土的绝热温升值。

4.4.5 思考题

混凝土水化温升对大体积混凝土有什么危害，工程中常采用什么控制措施？

4.4.6 实验报告参考格式

实验九 混凝土绝热温升实验

日期：____年____月____日　　实验室温度：________湿度：________

实验人：________　成绩：________　　指导老师：________

(一) 实验目的

(二) 主要仪器设备

(三) 原始数据记录及处理

1. 原材料性能及混凝土配合比

(1) 水泥品种及强度等级：____________。

(2) 细骨料细度模数：____________。

(3) 粗骨料为____________mm连续级配____________（碎石或卵石）。

(4) 混凝土配合比见下表。

混 凝 土 配 合 比

组别	水 /(kg/m³)	水泥 /(kg/m³)	砂 /(kg/m³)	石 /(kg/m³)	外加剂 /(kg/m³)
1					
2					

2. 试验原始记录

实验室温度：________，湿度：________。

拌合物试样的质量 $m=$________kg。

试验原始记录见下表。

混凝土绝热温升试验原始记录

时间	拌合物的初始温度值 θ_0 /℃	n天龄期记录的温升值 θ'_n /℃	混凝土试样的热容量 C_k /(kg/℃)	绝热量热器总热容量 C_m /(kg/℃)	n天龄期时混凝土的绝热温升值 θ_n/℃ $\theta_n=\frac{C_k+C_m}{C_k}(\theta'_n-\theta_0)$
0					
0.5h					
1h					
⋮					
24h					
25h					
⋮					

续表

时间	拌合物的初始温度值 θ_0 /℃	n 天龄期记录的温升值 θ_n' /℃	混凝土试样的热容量 C_k /(kg/℃)	绝热量热器总热容量 C_m /(kg/℃)	n 天龄期时混凝土的绝热温升值 θ_n/℃ $\theta_n=\frac{C_k+C_m}{C_k}(\theta_n'-\theta_0)$
7d6h					
7d12h					
⋮					
28d					

注 1. C_k 为混凝土拌合物试样的质量 m 与混凝土平均比热的乘积，kJ/℃。

2. C_m 为绝热量热器的总热容量，由厂家提供。可按 $\sum G_iC_i$，G_i 为各附件（容器、测温管、温度传感器和变压器油）质量，C_i 为各附件材料的比热，kJ/℃。

3. 每 0.5h 记录一次试样中心温度，历时 24h 后每 1h 记录一次，7d 后可 3～6h 记录一次。试验历时 28d（或根据需要确定天数）结束。

3. 数据处理

以时间为横坐标，温升为纵坐标绘制混凝土温升过程曲线。根据曲线即可查得各不同龄期时混凝土的绝热温升值。

4.5 混凝土的弹性模量实验

4.5.1 静力受压弹性模量实验

1. 实验目的及适用范围

本实验介绍了混凝土静力受压弹性模量（又称抗压弹性模量，简称弹性模量）的测定方法，实验依据《普通混凝土力学性能试验方法标准》(GB/T 50081—2002)，适用于测定棱柱体试件的混凝土静力受压弹性模量。

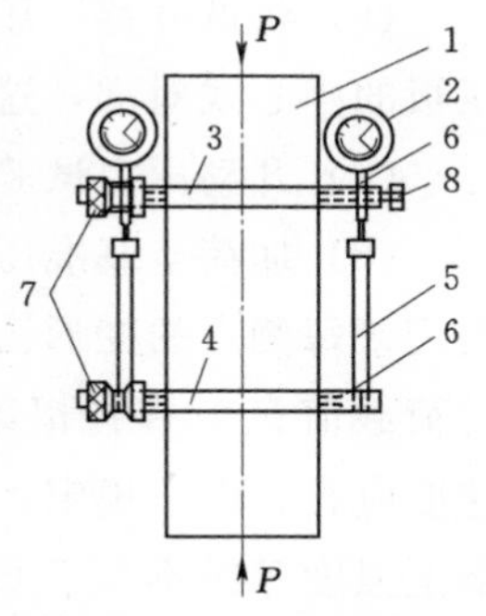

图 4.3 框式千分表座示意图（一对）

1—试件；2—量表；3—上金属环；4—下金属环；5—接触杆；6—刀口；7—金属环固定螺丝；8—千分表固定螺丝

2. 仪器设备

(1) 压力试验机：符合《液压式压力试验机》(GB/T 3722—1992) 及《试验机通用技术要求》(GB/T 2611—2007) 中技术要求，且其测量精度为±1%，试件破坏荷载应大于压力试验机全量程的 20%且小于压力机全量程的 80%；具有加荷速度指示装置或加荷速度控制装置，并且能够均匀、连续地加荷。

(2) 变形测量仪：由 2 只千分表和铝合金制作的框式千分表座构成，千分表座固定架的标距为 150mm，如图 4.3 所示。千分表精度不低于 0.001mm。

(3) 钢尺、铅笔、502 胶水等。

3. 试件制备

测定混凝土弹性模量的试件应符合 GB/T 50081—2002 标准中第3章的规定。每次试验应制备6个试件。

(1) 试件尺寸与轴心抗压强度试件的尺寸相同。尺寸为 150mm×150mm×300mm 的棱柱体试件是标准试件，100mm×100mm×300mm 和 200mm×200mm×400mm 的棱柱体试件是非标准试件。

(2) 每组为同龄期同条件制作和养护的试件6块，其中3块用于测定混凝土的轴心抗压强度，并据此计算出弹性模量实验的加荷标准，另3块用于弹性模量实验。

4. 实验步骤

(1) 试件取出后，先将试件表面与上、下承压板面擦干净。用湿毛巾覆盖并及时进行实验，保持试件干湿状态不变。

(2) 检查试件外形并测量其尺寸，尺寸精确至 1mm。试件不得有明显缺损，端面不平时须预先抹平。

(3) 取3块试件测定混凝土的轴心抗压强度（f_{cp}），取 1/3 的 f_{cp} 作为抗压弹性模量试验的加荷标准。

(4) 另3块试件用于测定混凝土的弹性模量。在试件两侧（成型时两侧面）划出中线，标出标距 L=150mm，或者不大于试件高度的 1/2、同时不小于 100mm 及混凝土骨料最大粒径的3倍。

(5) 滴 502 胶水于标距点处，并洒微量水泥粉于其上，立即黏上千分表座或用框式千分表座，几分钟内可凝固。框式千分表表座应安装在试件两侧的中线上并对称于试件的两端。

(6) 将试件移于压力机球座上，仔细调整试件在压力机上的位置，使其轴心与下压板的中心线对准，这常称为几何对中。对中后装妥千分表。

(7) 开动压力试验机，当上压板与试件接近时调整球座，使其接触均衡。

(8) 加荷至基准压力为 0.5MPa 的初始荷载值 F_0，保持恒载 60s 并在随后的 30s 内记录每测点的变形读数 ε_0。立即连续均匀地加荷至应力为 1/3 的轴心抗压强度 f_{cp} 的荷载值 F_a，保持恒载 60s 并在随后的 30s 内记录每一测点的变形读数 ε_a。所用加荷速度应符合以下规定：混凝土强度等级小于 C30 时，加荷速度 0.3～0.5MPa/s；混凝土强度等级不小于 C30 且小于 C60 时，取 0.5～0.8MPa/s；混凝土强度等级不小于 C60 时，取 0.8～1.0MPa/s（图 4.4）。

(9) 以上这些变形值之差与它们平均值之比不得大于 20%，更不能正负异向，否则，应重新对中试件，然后重复上述第（7）、第（8）条操作。如果无法使其减少到低于 20%时，则此次实验无效。

(10) 在确认试件对中符合上述第（9）条之规定后，以与加荷速度相同的速度卸荷至基准应力 0.5MPa（F_0），恒载 60s；然后用同样的加荷和卸荷速度以及 60s 的恒载（F_0 及 F_a）保持时间进行至少两次反复预压。在最后1次预压完成后，在基准应力 0.5MPa(F_0) 持荷 60s 并在随后的 30s 内记录每一测点的变形读数 ε_0；再用同样的加荷速度加荷至 F_a，持荷 60s 并在随后的 30s 内记录每一测点的变形读数 ε_a（图 4.4）。

（11）卸除变形测量仪，以同样的速度加荷至破坏，记录破坏荷载；如果试件的抗压强度与 f_{cp} 之差超过 f_{cp} 的 20%时，则应在报告中注明。

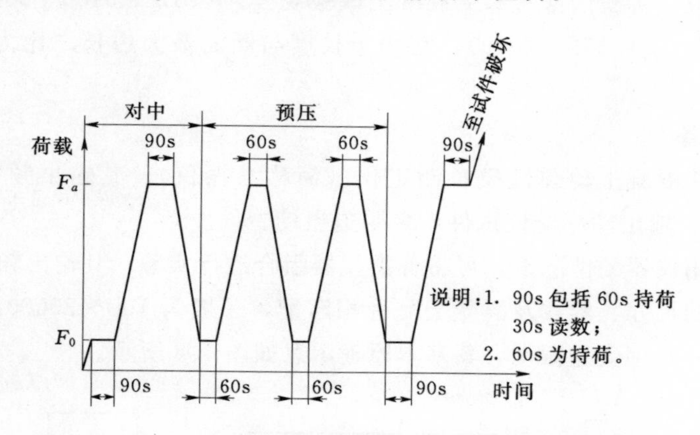

图 4.4　弹性模量试验加荷制度示意图

5. 实验结果计算

（1）混凝土弹性模量 E_C 按式（4.21）计算：

$$E_C=\frac{F_a-F_0}{A}\frac{L}{\Delta n} \tag{4.21}$$

式中　E_C——混凝土弹性模量，MPa；

F_a——应力为 1/3 轴心抗压强度时的荷载，N；

F_0——应力为 0.5MPa 时的初始荷载，N；

A——试件承压面积，mm^2；

L——测量标距，mm；

Δn——最后一次从 F_0 加荷至 F_a 时试件两侧变形的平均值，mm，按式（4.22）计算：

$$\Delta n=\varepsilon_a-\varepsilon_0 \tag{4.22}$$

式中　ε_a——荷载 F_a 时试件两侧变形的平均值，mm；

ε_0——荷载 F_0 时试件两侧变形的平均值，mm。

混凝土受压弹性模量的计算应精确至 100MPa。

（2）混凝土受压弹性模量按 3 个试件测值的算术平均值计算。如果其中有 1 个试件的轴心抗压强度值与用以确定检验控制荷载的轴心抗压强度值相差超过后者的 20%时，则弹性模量值按另两个试件测值的算术平均值计算；若有两个试件超过上述规定，此次实验无效。

4.5.2 混凝土动弹性模量实验(共振仪法)

1. 实验目的、适用范围及实验依据

本实验目的是测定混凝土棱柱体试件的自振频率,计算动弹性模量,用以确定混凝土的抗冻等级,实验依据《水工混凝土试验规程》(DL/T 5150—2001)、《水工混凝土试验规程》(SL 352—2006),宜用于长度与断面最大边长之比为3~5之间的试件。

2. 仪器设备

(1) 共振法混凝土动弹性模量测定仪(简称共振仪)。其输出频率可调范围为100~20000Hz,输出功率能使试件产生受迫振动。

在没有专用仪器的情况下,可将各类仪器组合进行实验。其输出频率的可调范围应与所测试件的尺寸、容重及混凝土品种相匹配,一般为100~20000Hz,输出功率也应能激励试件产生受迫振动,其基本原理示意如图4.5所示。

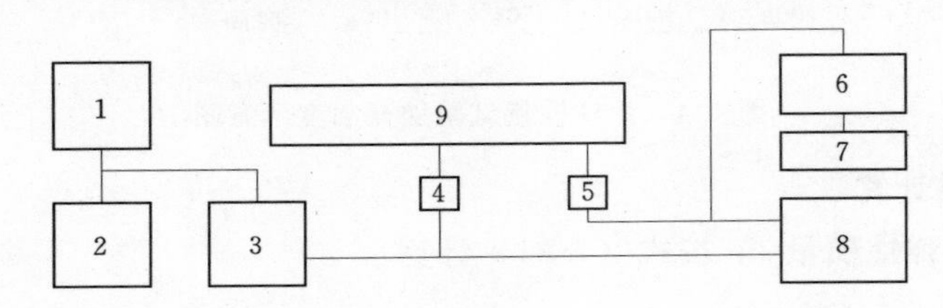

图4.5 共振法混凝土动弹性模量测定工作原理图
1—振荡器;2—频率计;3—放大器;4—振荡换能器;5—接受换能器;
6—放大器;7—电表;8—示波器;9—试件

本书以DT-12W型动弹性模量测定仪为例介绍用共振法测量混凝土动弹性模量实验。

(2) 试件支承体:厚度约20mm的泡沫塑料垫,宜用表观密度为16~18kg/m³的聚苯板。

(3) 电子秤:称量20kg,感量不超过5g。

3. 试件制备

本实验采用尺寸为100mm×100mm×400mm的棱柱体试件,每组混凝土成型3块试件。试件的制作与养护按照《普通混凝土力学性能试验方法标准》(GB/T 50081—2002)第5章的规定进行。

4. 实验步骤

(1) 首先测定试件的质量和尺寸。试件质量精确至0.01kg,尺寸的测量精确至1mm。每个试件的长度和截面尺寸均取3个部位测量的平均值。

(2) 测定完试件的质量和尺寸后,将试件放置在支撑体中心位置,成型面向上,并将DT-12W型动弹性模量测定仪的发射测杆轻轻地压在试件长边侧面中线的中点，接收测杆轻轻地压在试件长边侧面中线距端面5mm处。测杆接触试件前，在测杆与试件接触处涂一薄层黄油或凡士林作为耦合介质，测杆压力的大小以不出现噪声为准。测试位置如图4.6所示。

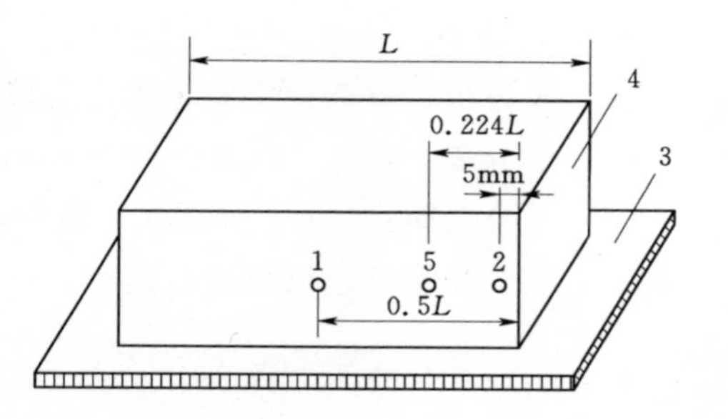

图4.6 测试位置示意图
1—发射测杆位置；2—接收测杆位置；3—泡沫塑料垫；4—试件（测试时成型面朝上）；5—节点

（3）放置好测杆后，接通电源并打开动弹性模量测定仪的电源开关，仪器进入测试状态（手动或自动）。

1）“横振/纵振”键：横振指示灯灭时，为纵振测试；该指示灯亮时，为横振测试。轻按该指示灯按钮，可实现横振测试、纵振测试的转换。混凝土动弹性模量的测试采用横振测试。

2）“自动/手动”键：自动指示灯灭时，为手动测试；该指示灯亮时，为自动测试。轻按该指示灯按钮，可实现自动、手动测试的转换。一般采用自动测试。

（4）先按“横振/纵振”键，调整至横振测试状态，再轻按自动测试指示按钮，进入自动扫描测试状态，开始测试。此时可听到发射探头有频率变化的声音，同时示波管波形也有变化，约1min后测试完毕，数字显示器显示“* * * *（某一数字）E”，即为该试件本次测试的动弹性模量值，几秒钟后显示“* * * *（数字）F”，为本次测试横向谐振频率值。

（5）每个试件的测试应重复两次以上，当两次连续测值之差不超过两个测值的算术平均值的0.5%时，取这两个测值的算术平均值作为该试件的测值。

5. 实验结果

混凝土动弹性模量应以3个试件的平均值作为实验结果，结果计算精确到100MPa。

4.5.3 混凝土抗弯拉弹性模量实验

1. 实验目的、依据及适用范围

本实验是为了测定混凝土的抗弯拉弹性模量，抗弯拉弹性模量是以50%抗折强度时的加荷模量为准，实验依据《水泥混凝土抗弯拉弹性模量试验方法》（GB/T 0559—2005），适用于各类水泥混凝土棱柱体小梁试件。

2. 试件制备

（1）试件尺寸与抗弯拉强度试件相同。

（2）每组为同龄期、同条件制作的棱柱体试件6根，其中3根用于测定抗弯拉强度，以确定抗弯拉弹性模量实验的加荷标准，另外3根则用作抗弯拉弹性模量实验。

3. 仪器设备

(1) 压力机、抗弯拉实验装置：与抗弯拉强度实验相同。

(2) 千分表：1只。精度0.001mm，0级或1级。

(3) 千分表架：1个。如图4.7所示，为金属刚性框架，正中为千分表插座，两端有3个圆头长螺杆，可以调整高度。

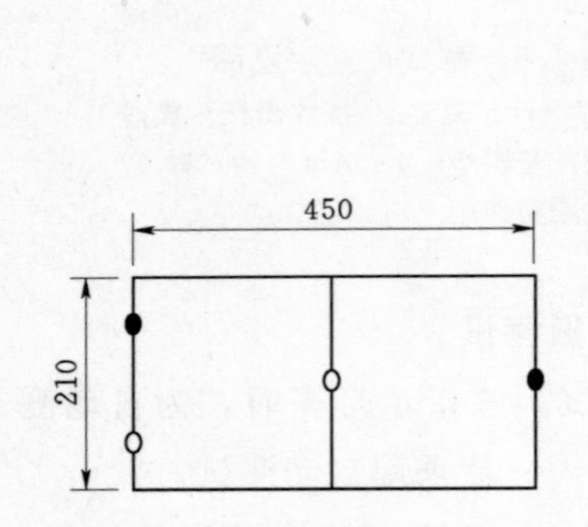

图4.7 千分表架（单位：mm）

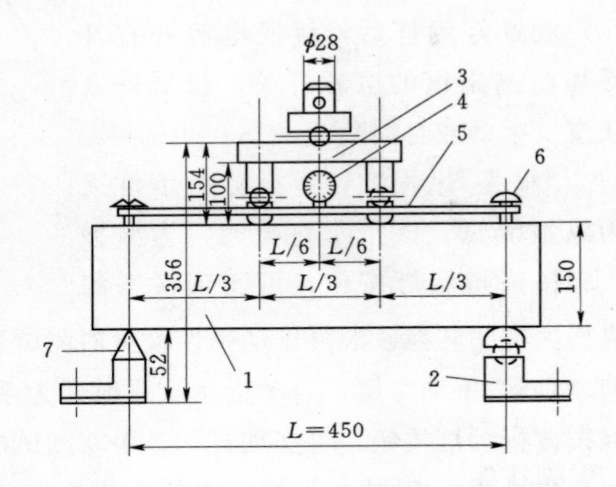

图4.8 抗弯拉弹性模量试验装置示意图（单位：mm）
1—试件；2—可移动支座；3—加荷支座；4—千分表；
5—千分表架；6—螺杆；7—固定支座

(4) 毛玻璃片（每片约1.0cm^2）、502胶水、平口刮刀、丁字尺、直尺、钢卷尺、铅笔等。

4. 实验步骤

(1) 试件检查与抗弯拉强度实验相同。

(2) 清除试件表面污垢，修平与装置接触的试件部分（对抗弯拉强度试件即可进行实验），在其上、下面（即成型时两侧面）划出中线和装置位置线，在千分表架共4个脚点处，用干毛巾先擦干水，再用502胶水粘牢小玻璃片，量出试件中部的宽度和高度，精确至1mm。

(3) 将试件安放在支座上，使成型时的侧面朝上，千分表架放在试件上，压头及支座线垂直于试件中线且无偏心加载情况，而后缓缓加上约1kN压力，停机检查支座等各接缝处有无空隙（必要时需加金属薄垫片），应确保试件不扭动，而后安装千分表，其脚点及表架脚点稳立在小玻璃片上，如图4.8所示。

(4) 以抗弯拉极限荷载平均值的50%作为抗弯拉弹性模量试验的荷载标准（即$F_{0.5}$），进行5次加卸荷载循环，由1kN起，以0.15～0.25kN/s的速度加荷，至3kN刻度处停机（设为F_0）保持约30s（在此段加荷时间中，千分表指针应能启动，否则应提高F_0至4kN等），记下千分表读数Δ_0，而后继续加至$F_{0.5}$，保持约30s，记下千分表读数$\Delta_{0.5}$；再以同样速度卸荷至1kN，保持约30s，为第一次循环，如图4.9所示。加载过程中，临近F_0及$F_{0.5}$时，应放慢加荷速度，以求测值准确。

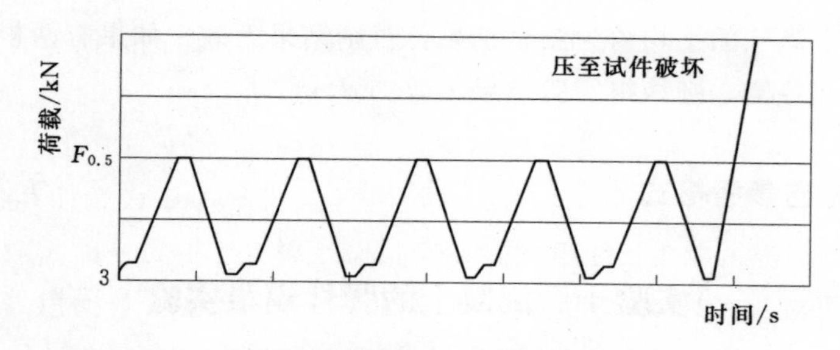

图 4.9 抗弯拉弹性模量实验加荷制度示意图

(5) 同第 1 次循环，共进行 5 次循环，取第 5 次循环的挠度值为准。如果第 5 次与第 4 次循环挠度值相差大于 0.5μm 时须进行第 6 次循环，直到两次相邻循环挠度值之差符合上述要求为止，取最后 1 次挠度值为准。

(6) 当最后 1 次循环完毕，检查各读数无误后，立即卸除千分表，继续加荷直至试件折断，记下循环后抗弯拉强度 f'_f，观察断裂面形状和位置。如果断面在三分点外侧，则此根试件结果无效，如果有两根试件结果无效，则该组实验作废。

5. 实验结果

(1) 混凝土抗弯拉弹性模量 E_b 按简支梁在三分点各加荷载 $F_{0.5}/2$ 时跨中挠度公式 (4.23) 反算求得，计算结果精确至 100MPa。

$$E_b=\frac{23FL^3}{1296fJ} \tag{4.23}$$

即

$$E_b=\frac{23L^3(F_{0.5}-F_0)}{1296J\left|\Delta_{0.5}-\Delta_0\right|}$$

式中 E_b——混凝土抗弯拉弹性模量，MPa；

$F_{0.5}$——试验时施加最终荷载，N；

F_0——试验时初始荷载，N；

$\Delta_{0.5}$、Δ_0——对应 $F_{0.5}$ 及 F_0 的千分表读数，mm；

L——支座间距离，$L=450$mm；

f——跨中挠度，mm；

J——试件断面转动惯量，$J=\frac{1}{12}bh^3$ (mm^4)。式中，b、h 分别为试件的宽和高，mm。

(2) 本实验中应先测定混凝土的抗弯拉强度，并以 3 个试件抗弯拉强度测定值的算术平均值作为该组混凝土抗弯拉强度的测定值。如果 3 个测值中最大值或最小值中有一个与中间值的差值超过中间的 15%，则把最大值和最小值一并舍去，取中间值作为该组试件的抗弯拉强度；如果最大值或最小值与中间的差值均超过 15%，则该组实验结果无效。

(3) 3 个试件中如果有一个断裂面位于加载点外侧，则混凝土抗弯拉强度按另外两个试件的实验结果计算。如果这两个测值的差值不大于这两个测值中较小值的

15%，则以两个尚佳的平均值为测试结果，否则结果无效。如果有两根试件均出现断裂面位于加荷点外侧，则该组实验结果无效。

4.5.4 实验报告参考格式

实验十 混凝土的弹性模量实验

日期：____年____月____日　　实验室温度：________湿度：________

实验人：____________ 成绩：____________ 指导老师：____________

（一）实验目的

（二）主要仪器设备

（三）原始数据记录及处理

1. 静力受压弹性模量

（1）混凝土轴心抗压强度测定见下表。

混凝土轴心抗压强度的测定

试件编号	试件尺寸 长×宽×高 /(mm×mm×mm)	试件承压面积 A (宽×高)/mm²	破坏荷载 F /N	单块轴心抗压强度 f_{cp} /MPa	轴心抗压强度 f_{cp} 平均值 /MPa
1					
2					
3					

故，抗压弹性模量试验的加荷值 $F_a=\frac{1}{3}f_{cp}A=\frac{1}{3}\times$____$\times$____$=$____N；

初始荷载值 $F_0=0.5A=0.5\times$____$=$____N。

（2）预压过程中棱柱体试件的变形值见下表。

预压过程中混凝土棱柱体试件两侧的变形

预压次数		千分表读数/mm		变形值/mm	
		荷载 F_0 时读数 ε_0	荷载值 F_a 时读数 ε_a	单侧变形值 $\Delta n=\varepsilon_a-\varepsilon_0$	平均值
第1次	左侧				
	右侧				
第2次	左侧				
	右侧				
第3次	左侧				
	右侧				
第4次	左侧				
	右侧				

（3）混凝土抗压弹性模量的试验结果见下表。

混凝土抗压弹性模量的变形

试样编号	初始荷载 F_0/N	荷载 F_a /N	承压面积 A/mm	测量标距 L/mm	变形值 $\Delta n=\varepsilon_a-\varepsilon_0$ /mm	弹性模量 $E_C=\frac{F_a-F_0}{A}\times\frac{L}{\Delta n}$/GPa	
						单个值	平均值
1							
2							
3							

注 1. 弹性模量按3个试件测值的算术平均值计算。

2. 如果其中有1个试件的轴心抗压强度值与用以确定检验控制荷载的轴心抗压强度值相差超过后者的20%时，则弹性模量值按另两个试件测值的算术平均值计算；如有两个试件超过上述规定时，则此次试验无效。

2. 混凝土动弹性模量

混凝土动弹性模量试验的原始记录

试件编号及测量次数		1		2		3	
		第1次	第2次	第1次	第2次	第1次	第2次
动弹性模量 /GPa	单个值						
	平均值						
	测定结果						

注 1. 以3个试件的平均值作为实验结果，结果计算精确到100MPa。

3. 抗弯拉弹性模量

（1）混凝土抗弯拉强度的测定见下表。

混凝土抗弯拉强度的测定

试件编号	试件尺寸（长×宽×高）/(mm×mm×mm)	破坏荷载 F /N	支座间跨度 l	断裂位置是否处于两荷载作用线之间	抗弯拉强度/MPa $f_f=\frac{Fl}{bh^2}$	
					单块值	平均值
1						
2						
3						

故，抗弯拉弹性模量实验的加荷值 $F_a=50\%f_f\frac{bh^2}{l}=0.5\times$____$\times$____$=$____N；初始荷载值 $F_0=$____N。

（2）预压过程中试件跨中的挠度值。

预压过程中试件跨中的挠度值

预压次数	千分表读数/mm		跨中的挠度值 f/mm	
	荷载 F_0 时读数 Δ_0	荷载值 F_a 时读数 $\Delta_{0.5}$	单次循环挠度值 $f=\Delta_{0.5}-\Delta_0$	测定结果
第1次				
第2次				
第3次				
第4次				
第5次				
第6次				

注 1. 共进行5次循环，取第5次循环的挠度值为准。
2. 如第5次与第4次循环挠度值相差大于0.5μm时须进行第6次循环，直到两次相邻循环挠度值之差符合上述要求为止，取最后一次挠度值为准。

（3）混凝土抗弯拉弹性模量的试验结果。

混凝土抗弯拉弹性模量

试件编号	初始荷载 F_0/N	最终荷载 F_a/N	支座间距 L/mm	试件断面转动惯量 J/mm^4	跨中挠度 $f=\Delta_{0.5}-\Delta_0$ /mm	抗弯拉弹性模量/GPa $E_b=\frac{23L^3(F_{0.5}-F_0)}{1296J\mid\Delta_{0.5}-\Delta_0\mid}$	
						单个值	平均值
1			$L=450$mm	$J=\frac{1}{12}bh^3$ = ______			
2							
3							

注 1. 本实验中应先测定混凝土的抗弯拉强度，并以3个试件抗弯拉强度测定值的算术平均值作为该组混凝土抗弯拉强度的测定值。如果3个测值中最大值或最小值中有1个与中间值的差值超过中间的15%，则把最大值和最小值一并舍去，取中间值作为该组试件的抗弯拉强度；如果最大值或最小值与中间的差值均超过15%，则该组实验结果无效。
2. 如果3个试件中有1个断裂面位于加载点外侧，则抗弯拉强度按另外两个试件的实验结果计算。如果这两个测值的差值不大于这两个测值中较小值的15%，则以两个尚佳的平均值为测试结果，否则结果无效。若有两个试件断裂面位于加荷点外侧，则该组实验结果无效。

4.6 混凝土的抗水渗透实验（逐级加压法）

4.6.1 实验目的、依据及适用范围

主要用于检测混凝土的抗渗等级，以评价其抗水渗透性能，实验依据《普通混凝土长期性能和耐久性能试验方法标准》（GB/T 50082—2009），适用于通过逐级施加水压力来测定混凝土的抗水渗透性能，测定结果以抗渗等级表示。

4.6.2 仪器设备

（1）混凝土抗渗仪。混凝土抗渗仪应符合现行行业标准《混凝土抗渗仪》（JG/T

249）的规定，并应能使水压按规定的制度稳定地作用在试件上。抗渗仪可施加的水压力范围为0.1～2.0MPa。

（2）成型试模。试模应采用上口内部直径为175mm、下口内部直径为185mm和高度为150mm的圆台体。

（3）密封材料。密封材料宜用石蜡加松香或水泥加黄油等材料，也可采用橡胶套等其他有效密封材料。

（4）螺旋加压器、烘箱、电炉、浅盘、铁锅、钢丝刷等。

4.6.3 试件制备

（1）抗水渗透试验应以6个试件为1组。成型时，若用人工插捣成型，应分两层装入混凝土拌合物，每层插捣25次，在标准条件下养护。试件24h拆模，拆模后用钢丝刷刷去试件两端面的水泥浆膜，并立即将试件送入标准养护室进行养护。

（2）如果结合工程需要，则在浇筑地点制作，每单位工程试件不少于两组，其中至少一组应在标准条件下养护，其余试件与构件相同条件下养护。试块养护期不少于28d，不超过90d。

4.6.4 实验步骤

（1）抗水渗透实验的龄期宜为28d。在试件养护至测试龄期的前1天将试件从养护室中取出，擦拭干净。待试件表面晾干后，按下列方法进行试件的密封：

1）当用石蜡密封时，在试件侧面裹涂1层掺加了少量松香（约2%）的、熔化的石蜡。然后用螺旋加压器将试件压入经过烘箱或电炉预热过的试模中，使试件与试模底平齐，在试模变冷后即可解除压力。试模的预热温度，应以石蜡接触试模即缓慢熔化但不流淌为准。

2）用水泥加黄油密封时，其质量比应为（2.5～3）：1。用三角刀将密封材料均匀地刮涂在试件侧面上，厚度为1～2mm。套上试模并将试件压入，使试件与试模底平齐。

（2）试件准备好之后，启动抗渗仪，并开通6个试验位置下的阀门，使水从6个孔中渗出，水应充满试位坑，在关闭6个试位下的阀门后，将密封好的试件安装在抗渗仪上。

（3）试件安装好后即可进行实验。实验时，水压应从0.1MPa开始，以后每隔8h增加0.1MPa的水压，并随时注意观察试件端面渗水情况。当6个试件中有3个试件表面出现渗水时，或加至规定压力（设计抗渗等级）在8h内6个试件表面渗水试件少于3个时，可停止实验，并记下此时的水压力。在实验过程中，若发现水从试件周边渗出时，说明密封不好，应停止实验并重新按上述方法密封试件。

4.6.5 实验结果计算

混凝土的抗渗等级以每组6个试件中4个试件未出现渗水时的最大水压力乘以10来确定。混凝土的抗渗等级按式（4.24）计算：

$$P=10H-1 \tag{4.24}$$

式中 P——混凝土抗渗等级；

H——6个试件中有3个试件渗水时的水压力，MPa。

注：混凝土抗渗等级为P2、P4、P6、P8、P10、P12，若压力加至1.2MPa，经过8h，第3个试件仍未渗水，则停止实验，试件的抗渗等级以P12表示。

4.6.6 思考题

（1）影响混凝土抗渗性能的主要因素有哪些？

（2）混凝土的抗渗性与混凝土的其他耐久性能，如抗冻性有何关联和影响？

（3）提高混凝土抗渗性的技术措施有哪些？

4.6.7 实验报告参考格式

实验十一 混凝土的抗水渗透实验

日期：____年____月____日 实验室温度：________湿度：________

实验人：____________ 成绩：____________ 指导老师：____________

（一）实验目的

（二）主要仪器设备

（三）原始数据记录及处理

1. 抗水渗透试验原始记录

混凝土成型日期__________，混凝土试验日期__________。

逐级加压法检测混凝土抗水渗透性能试验的原始记录

水压力/MPa	施加水压的时间/h	渗水试件个数	新增渗水试件的时间/h
0.1			
0.2			
0.3			
0.4			
0.5			
0.6			
0.7			

续表

水压力/MPa	施加水压的时间/h	渗水试件个数	新增渗水试件的时间/h
0.8			
0.9			
1.0			
1.1			
1.2			

2. 抗渗等级的评定

混凝土的抗渗等级以每组6个试件中4个未出现渗水时的最大水压力表示。抗渗等级$P=10H-1$，其中，P为混凝土抗渗等级；H为6个试件中有3个试件渗水时的水压力，MPa。

故此，由以上实验结果，该混凝土的抗渗等级为__________。

4.7 混凝土的抗冻性实验（快冻法）

4.7.1 实验目的、依据及适用范围

本实验目的在于检验混凝土的抗冻性，确定其抗冻等级或抗冻标号，实验依据《普通混凝土长期性能和耐久性能试验方法标准》（GB/T 50082—2009）。该标准采用了3种混凝土抗冻性试验方法——慢冻法、快冻法和单面冻融法（盐冻法）。慢冻法适用于测定混凝土试件在气冻水融条件下，以经受的冻融循环次数来表示的混凝土抗冻性能。快冻法适用于测定混凝土试件在水冻水融条件下，以经受的快速冻融循环次数来表示混凝土的抗冻性能。单面冻融法适用于测定混凝土试件在大气环境中且与盐接触的条件下，以能够经受的冻融循环次数或者表面剥落质量或超声波相对动弹性模量来表示的混凝土抗冻性能。该方法试验中试件只有1个面接触冻融介质，故将其定名为单面冻融法。由于冻融介质为盐溶液，故又称盐冻法。本书仅介绍快冻法。

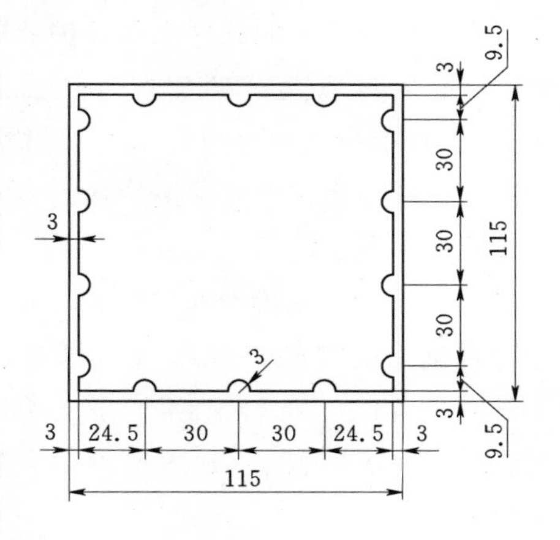

图4.10 橡胶试件盒横截面示意图（单位：mm）

4.7.2 仪器设备

（1）试件盒。试件盒宜采用具有弹性的橡胶材料制作，其内表面底部有半径为3mm橡胶突起部分。盒内加水后水面应至少高出试件顶面5mm。试件盒横截面尺寸115mm×115mm，

高500mm，如图4.10所示。

(2) 快速冻融试验装置。能使试件固定在水中不动，依靠热交换液体的温度变化而连续、自动地的按要求进行冻融的装置。符合现行行业标准《混凝土抗冻试验设备》(JG/T 243) 的规定。除在测温试件中埋设温度传感器外，尚应在冻融箱内防冻液中心、中心与任何一个对角线的两端分别设有温度传感器。满载运行时冻融箱内各点温度的极差不得超过2℃。

(3) 混凝土动弹性模量测定仪。共振法混凝土动弹性模量测定仪（又称共振仪），输出频率可调范围100～20000Hz，输出功率应能使试件产生受迫振动。

(4) 称量设备：量程20kg，精度5g。

(5) 温度传感器。温度传感器包括热电偶、电位差计等。可在－20～20℃范围内测定试件中心温度，精度为±0.5℃。

4.7.3 试件制备

(1) 快冻法抗冻试验应采用尺寸为100mm×100mm×400mm的棱柱体试件，每组试件为3块。

(2) 成型试件时，不得采用憎水性脱模剂。

(3) 除制作冻融试验的试件后，还应同时制作同样形状、尺寸，且中心埋有温度传感器的测温试件，测温试件应采用防冻液作为冻融介质。测温试件所用混凝土的抗冻性能应高于冻融试件，在试验过程中可连续使用。测温试件的温度传感器应埋设在试件中心。温度传感器不应采用钻孔后插入的方式埋设。

4.7.4 实验步骤

(1) 按《混凝土试件的制作与养护方法》进行试件的制作和养护。在标准养护室内或同条件下养护的试件应在养护龄期为24d时，提前将冻融实验的试件从养护地点取出，随后将冻融试件放在(20±2)℃的水中浸泡，浸泡时水面高出试件20～30mm。在水中浸泡时间为4d，试件应在28d龄期时开始进行冻融实验。始终在水中养护的试件，当试件养护龄期达到28d时，可直接进行后续实验。对此种情况，应在试验报告中予以说明。

(2) 当试件养护龄期达到28d时，取出试件，用湿布擦除表面水分后对外观尺寸进行测量，试件的外观尺寸应满足《普通混凝土长期性能和耐久性能试验方法》(GB/T 50082—2009) 标准第3.3节的要求。将试件编号、称量试件初始质量 W_{0i}，然后按GB/T 50082—2009标准第5章“动弹性模量试验”的规定测定其横向基频的初始值 f_{0i}。

(3) 将试件放入橡胶试件盒中，试件应位于试件盒中心，然后将试件盒放入冻融箱内的试件架中，并向试件盒中注入清水。在整个实验过程中，盒内水位高度应始终保持至少高出试件顶面 5mm。

（4）测温试件盒应放在冻融箱的中心位置。

（5）冻融循环过程应符合下列规定：

1）每次冻融循环应在 2～4h 内完成，用于融化的时间不得小于整个冻融时间的 25%；

2）在冷冻和融化过程中，试件中心最低和最高温度应分别控制在（－18±2）℃和（5±2）℃。在任意时刻，试件中心温度不得高于 7℃，且不得低于－20℃。

3）在试验箱内，每块试件从 3℃降至－16℃所用的时间，不得少于冷冻时间的 50%；每块试件从－16℃升至 3℃所用的时间也不得少于整个融化时间的 50%，试件内外的温差不宜超过 28℃。

4）冷冻和融化之间的转换时间不应超过 10min。

（6）每隔 25 次冻融循环测量 1 次试件的横向基频 f_{ni}，也可根据试件抗冻性高低来确定测试的间隔次数。测量前，应先将试件表面浮渣清洗干净并擦干表面水分，然后检查其外部损伤并称量试件的质量 W_{ni}。随后，按照 GB/T 50082—2009 标准第 5 章“动弹性模量试验”的规定测量横向基频。测完后，迅速将试件调头重新装入试件盒内并加入清水，继续实验。试件的测量、称量及外观检查应迅速，待测试件须用湿布覆盖。

（7）当有试件停止实验被取出时，应另用其他试件填充空位。当试件在冷冻状态下因故中断时，试件应保持在冷冻状态，直至恢复冻融实验为止，并将故障原因及暂停时间在实验结果中注明。试件在非冷冻状态下发生故障的时间不宜超过两个冻融循环的时间。在整个实验过程中，超过两个冻融循环时间的中断故障次数不得超过 2 次。

（8）当冻融试验出现下列情况之一时，可停止实验：

1）达到规定的冻融循环次数。

2）试件的相对动弹性模量下降至 60%。

3）试件的质量损失率达 5%。

4.7.5 实验结果计算及处理

（1）相对动弹性模量 P_i 按式（4.25）计算：

$$P_i=\frac{f_{ni}^2}{f_{0i}^2}\times 100 \tag{4.25}$$

式中 P_i——经 N 次冻融循环后第 i 个混凝土试件的相对动弹性模量，%，精确至 0.1%；

f_{ni}——经 N 次冻融循环后第 i 个混凝土试件的横向基频，Hz；

f_{0i}——冻融循环实验前第 i 个混凝土试件的横向基频初始值，Hz。

经 N 次冻融循环后一组混凝土试件的相对动弹性模量 P 以3个试件实验结果的算术平均值作为测定值，精确至0.1%。当最大值或最小值与中间值之差超过中间值的15%时，应剔除此值，并取其余两值的算术平均值作为测定值；当最大值和最小值与中间值之差均超过中间值的15%时，应取中间值作为测定值。

(2) 试件的质量损失率计算。

1) 单个试件的质量损失率按式(4.26)计算，精确至0.01：

$$\Delta W_{ni}=\frac{W_{0i}-W_{ni}}{W_{0i}}\times 100 \tag{4.26}$$

式中 ΔW_{ni}——经 N 次冻融循环后第 i 个混凝土试件的质量损失率，%；

W_{0i}——冻融循环实验前第 i 个混凝土试件的质量，g；

W_{ni}——N 次冻融循环实验后第 i 个混凝土试件的质量，g。

2) 一组试件的质量损失率。以3个试件的平均值为实验结果，精确至0.1%。

(3) 每组试件的平均质量损失率以3个试件的质量损失率实验结果的算术平均值作为测定值。当某个实验结果出现负值，应取0，再取3个试件的平均值。当3个值中的最大值或最小值与中间值之差超过1%时，应剔除此值，取其余两值的算术平均值作为测定值；当最大值和最小值与中间值之差均超过1%时，应取中间值作为测定值。

(4) 混凝土抗冻等级以相对动弹性模量下降至不低于60%或者质量损失率不超过5%时的最大冻融循环次数来确定，并用符号F表示。

4.7.6 思考题

(1) 影响混凝土抗冻性的主要因素有哪些？

(2) 有何措施可提高混凝土的抗冻性？

4.7.7 实验报告参考格式

实验十二 混凝土的抗冻性实验

日期：____年____月____日　　实验室温度：________湿度：________

实验人：____________　成绩：____________　指导老师：____________

(一) 实验目的

(二) 主要仪器设备

(三) 原始数据记录及处理

1. 冻融过程中试件相对动弹性模量测试的原始记录

冻融过程中试件相对动弹性模量检测的原始记录

冻融次数 N	试 件 1		试 件 2		试 件 3		该组混凝土相对动弹性模量 P/%
	冻后基频 f_{n1}/Hz	相对动弹性模量 P_1/%	冻后基频 f_{n2}/Hz	相对动弹性模量 P_2/%	冻后基频 f_{n1}/Hz	相对动弹性模量 P_1/%	
0		—		—		—	—
25							
50							
75							
100							
125							
150							
175							
200							
225							
250							
275							
300							

2. 冻融过程中试件质量损失率检测的原始记录

冻融过程中试件质量损失率检测的原始记录

冻融次数 N	试 件 1		试 件 2		试 件 3		该组混凝土质量损失率 ΔW_n/%
	冻后质量 W_{n1}/g	质量损失率 ΔW_{n1}/%	冻后质量 W_{n2}/g	质量损失率 ΔW_{n2}/%	冻后质量 W_{n3}/g	质量损失率 ΔW_{n3}/%	
0		—		—		—	—
25							
50							
75							
100							
125							
150							
175							
200							
225							
250							
275							
300							

3. 结果处理与分析

由表1结果可知，该组混凝土相对动弹性模量不低于60%时所能承受的最大冻融循环次数是__________次。

由表2结果可知，混凝土质量损失率不高于5%时所能承受的最大冻融循环次数是__________次。

则，本组混凝土的抗冻等级F__________。

4.8 混凝土的抗硫酸盐侵蚀实验

4.8.1 实验目的、依据及适用范围

本实验目的在于测定混凝土的抗硫酸盐侵蚀性能，实验依据《普通混凝土长期性能和耐久性能试验方法标准》(GB/T 50082—2009)，适用于测定混凝土试件在干湿交替环境中，以能够经受的最大干湿循环次数来表示的混凝土抗硫酸盐侵蚀性能。

4.8.2 试件制备

试验所用试件应符合下列规定：

(1) 混凝土的取样、试件的制作和养护符合《普通混凝土长期性能和耐久性能试验方法标准》(GB/T 50082—2009) 第3章的有关要求，成型试件时，不得采用憎水性脱模剂。

(2) 试件尺寸为100mm×100mm×100mm的立方体，每组3块。

(3) 实验时，除制作抗硫酸盐侵蚀试验用试件外，还应按照同样的方法同时制作抗压强度对比用试件。试件组数应符合表4.1的要求。

表4.1 抗硫酸盐侵蚀试验所需的试件组数

设计抗硫酸盐等级	KS15	KS30	KS60	KS90	KS120	KS150	KS150及以上
检查强度所需干湿循环次数	15	15及30	30及60	60及90	90及120	120及150	150及设计次数
鉴定28d强度所需试件组数	1	1	1	1	1	1	1
干湿循环试件组数	1	2	2	2	2	2	2
对比试件组数	1	2	2	2	2	2	2
总计试件组数	3	5	5	5	5	5	5

4.8.3 实验设备和试剂

1. 干湿循环试验装置

宜采用能使试件静止不动，浸泡、烘干及冷却等过程能自动进行的装置。设备应具有数据实时显示、断电记忆及试验数据自动存储的功能。本书以CABR-LSB/Ⅲ型全自动混凝土硫酸盐试验机为例介绍混凝土抗硫酸盐侵蚀实验。

2. 试剂

化学纯无水硫酸钠。

4.8.4 实验步骤

(1) 试件在养护至28d龄期的前2d，将需进行干湿循环的试件从标准养护室取出。擦干试件表面水分，然后将试件放入烘箱中，并在（80±5)℃下烘48h。烘干结束后将试件在干燥环境中冷却到室温。对于掺入掺合料较多的混凝土，也可采用56d龄期或者设计规定的龄期进行实验，但应在实验报告中予以说明。

(2) 试件烘干并冷却后，立即将试件移入硫酸盐试验机试验箱内的试件架上，相邻试件之间保持20mm间距，试件与试验箱内壁的间距不小于20mm。

(3) 试件放入试验箱内后，将事先配制好的浓度为5%的Na_2SO_4溶液（质量百分比）注入硫酸盐侵蚀试验机的贮液箱中。开启硫酸盐侵蚀试验机的电源，按试验机使用说明设定试验各阶段的参数后，开始运行试验机。

(4) 先将溶液从贮液箱抽入试验箱内，溶液液面至少高于最上层试件表面20mm，以使所有试件浸泡在5%的Na_2SO_4溶液中。溶液注入的时间不应超过30min。从试件开始放入溶液，到浸泡过程结束的时间为（15±0.5)h。浸泡龄期从将5%的Na_2SO_4溶液注入试验箱中起计算。试验过程中定期检查和调整溶液的pH值，可每隔15个循环测试一次溶液pH值，始终保持溶液的pH值在6～8之间。也可不检测其pH值，但每月更换一次溶液。溶液的温度控制在25～30℃。

(5) 浸泡过程结束后，试验机会自动将5%的Na_2SO_4溶液抽出到贮液箱内，溶液的排空时间控制在30min。溶液排空后，将试件风干30min，从溶液开始排出到试件风干的时间为1h。

(6) 风干过程结束后立即升温，将试验箱内的温度升到80℃，开始烘干过程。升温过程在30min内完成。温度升到80℃后，试验箱内的温度维持在（80±5)℃。从升温开始到开始冷却的时间为6h。

(7) 烘干过程结束后，立即对试件进行冷却，从开始冷却至将试验箱内试件表面温度冷却到25～30℃的时间为2h。

(8) 每个干湿循环的总时间为（24±2)h。然后再重复（4)～(7）的步骤进行下一个干湿循环。在步骤（3）中对CABR-LSB/Ⅲ型全自动混凝土硫酸盐试验机进行试验参数的设置后，可以实现步骤（4)～(7）的自动运行。

(9) 在达到表4.1规定的干湿循环次数后，及时进行抗压强度实验。同时观察经过干湿循环后混凝土表面的破损情况并进行外观描述。当试件有严重剥落、掉角等缺陷时，应选用高强石膏补平后再进行抗压强度实验。

(10) 当干湿循环实验出现下列情况之一时，可停止实验：

1) 当抗压强度耐蚀系数达到75%。

2) 当干湿循环次数达到150次。

3）达到设计抗硫酸盐等级相应的干湿循环次数。

（11）对比试件应继续保持原有的养护条件，直到完成干湿循环后，与进行干湿循环试验的试件同时进行抗压强度实验。

4.8.5 实验结果计算及处理

（1）混凝土抗压强度耐蚀系数按式（4.27）计算：

$$K_f=\frac{f_{cn}}{f_{c0}}\times 100 \tag{4.27}$$

式中 K_f——抗压强度耐蚀系数，%；

f_{cn}——为 N 次冻融循环后受硫酸盐腐蚀的一组混凝土试件的抗压强度测定值，精确至0.1MPa；

f_{c0}——与受硫酸盐腐蚀试件同龄期的标准养护的一组对比混凝土试件的抗压强度测定值，精确至0.1MPa。

（2）上述 f_{c0} 和 f_{cn} 以3个试件抗压强度实验结果的算术平均值作为测定值。当最大值或最小值与中间值之差超过中间值的15%时，应剔除此值，取其余两值的算术平均值作为测定值；当最大值和最小值与中间值之差均超过中间值的15%时，取中间值作为测定值。

（3）抗硫酸盐等级以混凝土抗压强度耐蚀系数 K_f 下降至不低于75%时的最大干湿循环次数来确定，并以符号KS表示。

4.8.6 思考题

（1）硅酸盐水泥熟料矿物中，抗硫酸盐侵蚀性能较差的是哪两种，为什么？

（2）混凝土受硫酸盐侵蚀破坏的反应机理有哪些？

（3）哪些技术措施可以提高混凝土的抗硫酸盐侵蚀性？

4.8.7 实验报告参考格式

实验十三 混凝土的抗硫酸盐侵蚀实验

日期：____年____月____日　　实验室温度：________湿度：________

实验人：__________　成绩：__________　指导老师：__________

（一）实验目的

（二）主要仪器设备

（三）原始数据记录及处理

1. 硫酸盐侵蚀实验的原始记录

混凝土成型日期__________，硫酸盐溶液浸泡开始日期__________。

干湿循环过程中试件抗压强度耐蚀系数测试的原始记录

干湿循环次数 N	干湿循环试件的抗压强度 f_{cn}/MPa				同龄期标准养护试件（对比试件）的抗压强度 f_{c0}/MPa				抗压强度耐蚀系数 $K_f=f_{cn}/f_{c0}$/%
	试件1	试件2	试件3	平均值	试件1	试件2	试件3	平均值	
0	—	—	—	—					
30									
60									
90									
120									
150									

2. 结果处理与分析

由表中结果可知，该混凝土抗压强度耐蚀系数不低于75%时所能承受的最大干湿循环次数是__________次。

因此，该组混凝土的抗硫酸盐等级为KS__________。

参考文献

[1] 彭艳周，张京穗，朱乔森，等．土木工程材料实验教学改革的探索与实践［A］．In：Proceeding of 2013 International Conference on Psychology，Management and Social Science，Advances in Education Research［C］，2013，18：71-75.

[2] 彭艳周，刘冬梅，朱乔森，等．土木工程材料实验的层次化教学模式［J］．高等建筑教育，2013（6）.

[3] 苏达根．土木工程材料（第2版）［M］．北京：高等教育出版社，2008.

[4] 徐友辉．建筑材料教与学［M］．成都：西南交通大学出版社，2007.

[5] 刘东主．建筑材料实验指导［M］．北京：中国计量出版社，2010.

[6] 白宪臣．土木工程材料实验［M］．北京：中国建筑工业出版社，2009.

[7] 丁铸，孙坤，刘伟，等．土木工程材料实验教学组织与实施［J］．实验技术与管理，2008，25（1）：116-118.

[8] 中华人民共和国国家质量监督检验检疫总局．数值修约规则与极限数值的表示和判定（GB/T 8170—2008）［S］．北京：中国标准出版社，2009.

[9] 中华人民共和国国家标准质量监督检验检疫总局 中国国家标准化管理委员会 水泥细度检验方法 筛析法（GB/T 1345—2005）［S］．北京：中国标准出版社，2005.

[10] 中华人民共和国国家标准质量监督检验检疫总局 中国国家标准化管理委员会．水泥标准稠度用水量、凝结时间、安定性检验方法（GB/T 1346—2001）［S］．北京：中国标准出版社，2009.

[11] 国家质量监督局．水泥胶砂强度检验方法（ISO法）（GB/T 17671—1999）［S］．北京：中国标准出版社，1999.

[12] 中华人民共和国住房与城乡建设部．普通混凝土用砂、石质量及检验方法标准（JGJ 52—2006）［S］．北京：中国建筑工业出版社，2006.

[13] 中华人民共和国国家质量监督检验检疫总局 中国国家标准化管理委员会．砌墙砖检验方法（GB/T 2542—2012）［S］．北京：中国标准出版社，2013.

[14] 中华人民共和国住房和城乡建设部．普通混凝土拌合物性能试验方法标准（GB/T 50080—2002）［S］．北京：中国建筑工业出版社，2003.

[15] 中华人民共和国住房和城乡建设部．普通混凝土力学性能试验方法标准（GB 50081—2002）［S］．北京：中国建筑工业出版社，2003.

[16] 中华人民共和国国家质量监督检验检疫总局．水泥水化热测定方法（GB/T 12959—2008）［S］．北京：中国标准出版社，2008.

[17] 中华人民共和国住房和城乡建设部．普通混凝土长期性能和耐久性能试验方法标准（GB/T 50082—2009）［S］．北京：中国建筑工业出版社，2010.

[18] 中华人民共和国国家质量监督检验检疫总局 中国国家标准化管理委员会．混凝土外加剂（GB 8076—2008）［S］．北京：中国标准出版社，2008.

[19] 中华人民共和国交通部．公路工程水泥及水泥混凝土试验规程（JTG E30—2005）[S]. 北京：人民交通出版社，2005.

[20] 国家经济贸易委员会．水工混凝土试验规程（DL/T 5150—2001）[S]. 北京：中国电力出版社，2002.

[21] 中国水利水电科学研究院 南京水利科学研究院．水工混凝土试验规程（SL 352—2006）[S]. 北京：中国水利水电出版社，2006.